高等学校计算机教材

U0192666

C语言程序设计

主　编◎陈洪生　夏力超　晋建志　肖永刚

电子工业出版社
Publishing House of Electronics Industry
北京·BEIJING

内 容 简 介

本书共 10 章，主要内容包括 C 语言入门，数据类型、运算符和表达式，顺序结构程序设计，选择结构程序设计，循环结构程序设计，数组，函数及编译预处理，指针，结构体与共用体，文件。本书中的代码都给出了运行结果，供读者自行操作时参考。此外，本书在编写时尽量做到了布局合理、内容丰富、难度适中，以及系统性和逻辑性强。

本书既可以作为非计算机专业本科和专科学生的教材，又可以作为高等院校计算机专业本科和专科学生的基础教材，还可以作为自学者和教师的参考教材。

图书在版编目（CIP）数据

C 语言程序设计 / 陈洪生等主编. 一北京：电子工业出版社，2024.3

ISBN 978-7-121-47619-8

Ⅰ．①C… Ⅱ．①陈… Ⅲ．①C 语言－程序设计 Ⅳ．①TP312.8

中国国家版本馆 CIP 数据核字（2024）第 067756 号

责任编辑：寻翠政

印　　刷：大厂回族自治县聚鑫印刷有限责任公司

装　　订：大厂回族自治县聚鑫印刷有限责任公司

出版发行：电子工业出版社

　　　　　北京市海淀区万寿路 173 信箱　　　邮编：100036

开　　本：787×1092　　1/16　　印张：19.25　　字数：445 千字

版　　次：2024 年 3 月第 1 版

印　　次：2025 年 1 月第 2 次印刷

定　　价：58.00 元

凡所购买电子工业出版社图书有缺损问题，请向购买书店调换。若书店售缺，请与本社发行部联系，联系及邮购电话：（010）88254888，88258888。

质量投诉请发邮件至 zlts@phei.com.cn，盗版侵权举报请发邮件至 dbqq@phei.com.cn。

本书咨询联系方式：（010）88254591，xcz@phei.com.cn。

前　言

　　在计算机技术飞速发展的今天，C 语言仍然是一种非常重要的编程语言。在众多编程语言中，C 语言以独特的优点，深受程序员的喜爱。它既具有高级语言的特点，又具有汇编语言的功能，有丰富的运算符和数据类型，生成的目标代码质量高，程序运行效率高，可移植性好，既是当今世界上具有很大影响力的程序设计语言，又是程序员应当熟练掌握的语言。学习 C 语言，不仅可以帮助读者理解计算机的工作机制，还可以提高读者的逻辑思维能力和问题解决能力。

　　本书以解决实际问题的程序设计思想为出发点，结合全国计算机等级考试二级 C 语言程序设计考试大纲和编者多年的教学经验与软件开发实践经验，对 C 语言的知识点策划进行了细致的编排和组织，精心选择和设计了趣味性和实用性较强的案例，致力于有效地提高读者的学习兴趣，激发读者的求知欲望。本书由浅入深地安排每章涉及的知识点，强调了知识的层次性和技能培养的渐进性，读者可以通过学习书中的示例获取各种经验，并将之用于开发其他项目，真正达到学以致用的目的。

　　本书的主要特色如下。

　　第一，教学内容既注重基础理论又追求实用性，突出结构化程序设计的基本原理、概念和方法，突出重点，精选示例和习题，由浅入深地讲解内容。

　　第二，组织内容的方式符合读者的认知过程，融入教师的教学思想，且将语法完全融入示例。

　　第三，每章都精选了大量示例，详细介绍了每个示例的分析和设计过程。通过学习这些示例，读者能够综合应用所学知识解决实际问题，不断提高自己分析问题、解决问题的能力。

　　第四，提供配套的教学资源解决方案。本书包含了大量示例，并附有程序的运行结果。凡带有编号的示例都是完整的程序。

　　本书的第 1 章和第 2 章由陈洪生编写，第 3 章～第 5 章由夏力超编写，第 6 章和第 7 章由肖永刚编写，第 8 章～第 10 章由晋建志编写，附录 A～附录 D 由夏力超编写，且全书由夏力超统稿。编者在编写本书的过程中得到了领导和同事的大力支持与帮助，在此对他们一并表示感谢。

　　由于编者水平有限，书中难免存在疏漏，恳请广大读者批评指正。

编　者

目　　录

C 语言入门

学习编程有助于解决问题，培养创造力与创新精神，提高效率，培养分析问题与解决问题的能力，以及培养适应数字时代的基础技能。

C 语言作为一门广泛应用于系统软件、嵌入式系统和高性能计算领域的编程语言，具有强大的表达能力和高度的灵活性。学习 C 语言，不仅可以帮助读者理解计算机基本原理，而且可以为读者打开编程世界的大门。

请牢记，学习 C 语言的过程是一个不断实践和不断学习的过程。要掌握 C 语言需要时间和耐心，只要保持积极的态度，相信读者就能够掌握这门强大的编程语言。

1.1 C 语言概述

本节将介绍程序、程序设计与程序设计语言，C 语言的主要特点，以及 C 语言程序的基本结构。

1.1.1 程序、程序设计与程序设计语言

程序是一系列按特定顺序执行的指令集合，旨在完成特定任务或解决特定问题。程序既可以是简单的计算或逻辑操作，又可以是复杂的应用程序或系统软件。程序旨在通过有效地组织和利用计算机资源来实现预期的功能，如图 1.1 所示。

程序设计是创建程序的过程，包括分析问题、设计解决方案、编写代码和测试等环节。程序设计旨在解决现实生活中的问题或满足特定需求，先将现实世界中的问题在头脑中建模（即"想法"），再使用数据结构把这些想法变为算法，最终实现一个完整的程序，如图 1.2 所示。

程序设计语言是一种适用于人和计算机阅读方式的描述计算过程的语言。使用程序设计语言可以使程序员以一种更加易于理解和表达的方式与计算机进行交互，如图 1.3 所示。

图 1.1　程序

图 1.2　程序设计

图 1.3　程序设计语言

1.1.2　C 语言的主要特点

任何一种程序设计语言，都有其特点和主要的应用领域。C 语言以简洁、高效、具有底层编程能力、可移植性好和强大的库支持等特点，成为一门被广泛应用的编程语言。学习 C 语言，可以掌握底层编程能力，提高程序运行效率，并为在计算机科学领域和其他学科领域的发展奠定基础。事实证明，C 语言是一种极具生命力的语言，有多个特点。

1. 简洁、高效

C 语言一共只有 32 个关键字，9 种控制语句，代码书写形式自由，主要使用小写字母

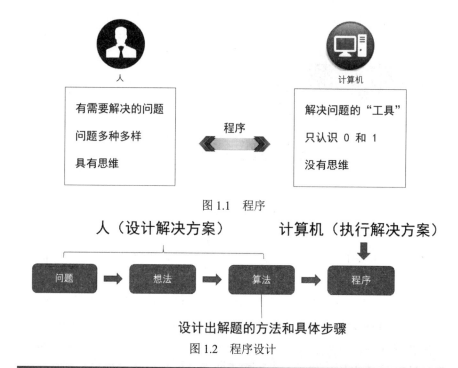

表示，压缩了一切不必要的成分。使用 C 语言，程序员能够以较少的代码实现较为复杂的功能。

2．具有底层编程能力

C 语言具有底层编程能力，允许直接访问内存和硬件资源，这使得程序员可以更好地控制程序的执行和资源的分配，提高程序的性能。C 语言具有的底层控制能力使其成为操作系统、驱动程序和嵌入式系统开发的首选语言。

3．可移植性好

C 语言具有很好的可移植性，即在不同的计算机平台上编写的 C 语言程序只需要进行很少的修改就能运行。这得益于 C 语言对底层硬件的抽象能力，以及标准化的编译系统和库的存在。

4．强大的库支持

C 语言拥有强大的标准库和第三方库支持，这些库提供了各种功能模块和算法的实现。标准库提供了对常用的输入/输出（Input/Output，I/O）、字符串处理、数学计算等功能的支持，而第三方库则提供了对更广泛的应用领域功能的支持，如图形界面、网络编程等。这些库的存在使得开发人员能够快速开发复杂的应用程序。

5．学习曲线适中

相对于其他高级语言，C 语言的学习曲线适中。C 语言的语法相对简单，易于理解和掌握。学习 C 语言可以帮助读者建立编程的基本概念和思维方式，为深入学习其他编程语言打下坚实的基础。

6．采用面向过程的编程风格

C 语言主要采用面向过程的编程风格，将程序分解为一系列的函数，并通过函数之间的调用来完成任务。C 语言具有结构化的流程控制语句，允许程序员采用缩进书写的形式编程。这种编程风格使得程序的结构清晰，易于维护和扩展。

7．跨学科应用

C 语言不仅在计算机科学领域中得到了广泛应用，而且被广泛应用于其他学科领域，如物理学、生物学、数学建模等。C 语言的灵活性和可扩展性使其成为跨学科研究和开发的重要语言。

虽然 C 语言的优点很多，但是它也存在一些缺点，如运算符优先级太多，数值运算能力方面不像其他语言那样强，语法定义不严格等。尽管目前 C 语言还存在一些不足，但 C 语言由于目标代码质量高、使用灵活、数据类型丰富、可移植性好，因此得到普及和迅速发展，成为一种受到广大用户欢迎的实用型程序设计语言。

1.1.3　C 语言程序的基本结构

下面通过两个简单的 C 语言程序示例，来初步介绍 C 语言程序的基本结构。

【例 1.1】有两个瓶子，即 A 和 B，分别装着水和酒，求将这两个瓶子中的液体交换后的结果。

程序代码如下：

```c
#include <stdio.h>
#include <stdlib.h>
int main()                      //定义主函数
{
    int a,b,c;
    printf("请输入两个整数: ");   //输入两个整数
    scanf("%d%d",&a,&b);
    //下面 3 行语句用于实现两个整数的交换
    c = a;
    a = b;
    b = c;
    printf("a=%d,b=%d\n",a,b);   //输出交换后的结果
    system("pause");            //让程序暂停一下，便于查看运行结果
    return 0;
}
```

运行结果如图 1.4 所示

图 1.4　【例 1.1】的运行结果

本示例可以抽象为交换两个变量（即 a 和 b）的值。

【例 1.2】输入 3 个整数，求最大的整数。

程序代码如下：

```c
#include <stdio.h>
#include <stdlib.h>
int max(int x,int y)            //定义主函数，用来求两个整数中较大的一个整数
{
    int z;
    if (x > y)  z = x;
    else z = y;
    return (z);                 //将 z 的值返回
}
int main()                      //定义主函数
```

```
{
    int a,b,c,p;                   //声明部分，定义变量
    printf("请输入 3 个整数: ");   //输入 3 个整数
    scanf("%d%d%d",&a,&b,&c);
    p = max(a,max(b,c));           //调用 max 函数，将得到的最大值赋给 p
    printf("最大值为%d\n",p);      //输出 p 的值
    system("pause");
    return 0;
}
```

运行结果如图 1.5 所示。

图 1.5　【例 1.2】的运行结果

上面两个示例虽然都比较简单，但可以从中看出 C 语言程序的基本结构和书写格式。

（1）C 语言程序的基本单位是函数。

一个 C 语言程序可以由一个或多个文件组成，每个文件均由函数组成，每个函数可以由一条或多条语句组成。程序是运行单位，文件是编译单位，每个文件都可以单独编译，而函数是 C 语言程序的基本单位。每个 C 语言程序都必须有且仅有一个 main 函数，又称主函数。main 函数可以在程序的开头，也可以在程序的其他位置，但不能在其他函数内部。它的功能是标识整个程序开始执行的位置和程序运行结束的位置。其他函数是为了实现程序的功能而设置的小模块，C 语言的这种结构符合现代程序设计中模块化的要求。C 语言中的函数除了有库函数（系统函数），还有自定义函数，如【例 1.2】中的 max 函数。

（2）一个 C 语言函数由两部分组成。

① 函数头，即函数的第一行，包括函数名、函数返回值的类型、函数参数（形参）、参数类型。在 int max(int x,int y)中，int 为函数返回值的类型，max 为函数名，小括号内的 x、y 为函数参数（形参），用来定义 x、y 的 int 为参数类型。一个函数名后面必须跟一对小括号，可以没有函数参数。

② 函数体，即函数头下面的大括号内的部分。如果一个函数内部有多对大括号，那么最外层的一对大括号为函数体的范围。

函数体一般包括声明部分和执行部分。

声明部分：在这部分中定义函数内部用到的一些变量，如【例 1.2】中的 max 函数内部的 int z;，main 函数内部的 int a,b,c,p;。

执行部分：由若干条语句组成，是函数功能实现过程的描述。

在某些情况下，函数可以没有声明部分，甚至可以既无声明部分，又无执行部分，这

样的函数被称为空函数。

（3）C 语言程序的书写格式自由，一行内可以写几条语句，一条语句也可以分写在多行中。C 语言程序没有行号。

（4）每条语句和数据定义的末尾都必须有一个分号。分号是语句的必要组成部分，是构成语句必不可少的。即使某条语句是程序中的最后一条，该条语句也应包含分号。

（5）注释部分不参与程序的编译和运行，只起到说明作用，用于增强程序的可读性。一个好的、有使用价值的程序应当有必要的注释。

在使用 C 语言编写程序时，常用的注释方式有 3 种。

① 单行注释：//…。

② 多行注释：/*…*/。

③ 条件编译注释：#if…#endif。

了解了 C 语言程序的基本结构之后，在编写程序时，就可以先进行功能函数的编写，再通过主函数的调用或函数与函数之间的调用，将整个程序组装起来，实现完整且复杂的功能。因此，在编写程序时，读者不要有畏惧感，任何一个大程序都可以先被分成大小不等的功能，每种功能都由一个函数来实现，再将这些函数通过合理的方式组合起来，这样就构成了一个大程序。一个完整的 C 语言程序大致包括头文件、用户函数的说明部分、全局变量的定义部分、主函数、若干个用户的自定义函数。

1.2 C 语言的上机环境

编写好的 C 语言程序只有经过编辑（输入）、编译和链接才能形成可执行程序。C 语言程序设计的上机步骤如图 1.6 所示。

图 1.6　C 语言程序的上机步骤

C 语言的编译环境有多种，本书采用 Microsoft Visual C++ 2010 学习版，本节将介绍在此环境下如何编辑、编译、链接和运行 C 语言程序。

1.2.1　安装与启动 Microsoft Visual C++ 2010 学习版

下面介绍如何安装与启动 Microsoft Visual C++ 2010 学习版。

（1）在搜索框中输入"C++"，勾选左侧的"Visual C++ Express 2010"复选框，下载安装包，如图 1.7 所示。

图 1.7　下载安装包

注意，需要提前注册一个 Microsoft 账户，这是因为官网只允许经过登录认证的用户下载。

下载完成后，打开对应的文件。"打开文件-安全警告"对话框如图 1.8 所示。

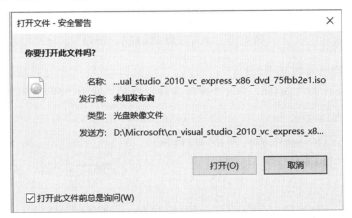

图 1.8　"打开文件-安全警告"对话框

（2）双击 setup.exe 文件图标（见图 1.9）打开安装程序，等待安装程序加载（大约一到两分钟）。

图 1.9　setup.exe 文件图标

（3）安装程序加载完成后，进入"Microsoft Visual C++ 2010 学习版 安装程序"窗口的"欢迎使用安装程序"界面，如图 1.10 所示。

图 1.10 "欢迎使用安装程序"界面

注意，在安装期间需要连接网络。

（4）单击"下一步"按钮，进入"许可条款"界面，选中"我已阅读并接受许可条款"单选按钮，如图 1.11 示。

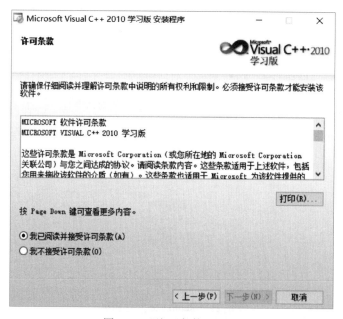

图 1.11 "许可条款"界面

（5）单击"下一步"按钮，进入"安装选项"界面，如图 1.12 所示。

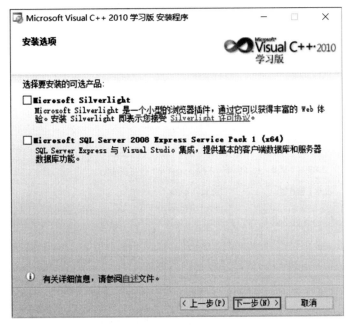

图 1.12　"安装选项"界面

（6）单击"下一步"按钮，进入"目标文件夹"界面，如图 1.13 所示。

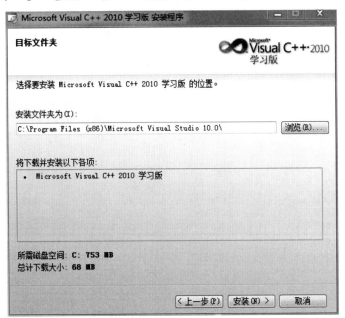

图 1.13　"目标文件夹"界面

注意，用户根据自己的软件安装习惯进行选择即可，保持默认位置。

（7）单击"安装"按钮，进入"下载和安装进度"界面，如图 1.14 所示。

图 1.14 "下载和安装进度"界面

（8）至此，Microsoft Visual C++ 2010 学习版安装完成。"安装完成"界面如图 1.15 所示。

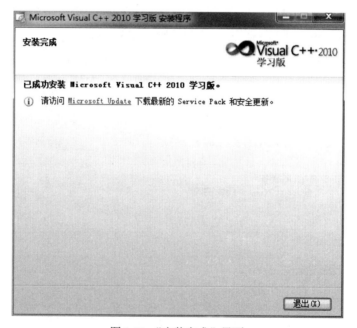

图 1.15 "安装完成"界面

成功安装 Microsoft Visual C++ 2010 学习版后，并没有在桌面创建快捷方式，可以通过单击"开始"→"程序"→"Microsoft Visual C++ 2010 Express"命令启动 Microsoft Visual C++ 2010 学习版，如图 1.16 所示。

图 1.16　启动 Microsoft Visual C++ 2010 学习版

正常启动 Microsoft Visual C++ 2010 学习版后，可以看到如图 1.17 所示的 Microsoft Visual C++ 2010 学习版主窗口。

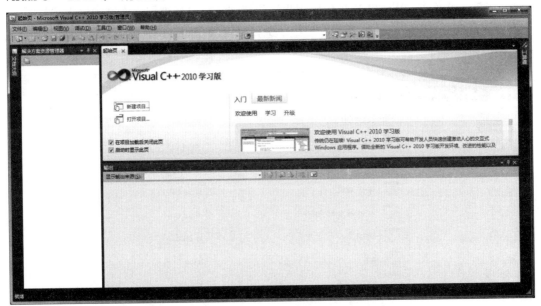

图 1.17　Microsoft Visual C++ 2010 学习版主窗口

1.2.2　Microsoft Visual C++ 2010 学习版环境

编译一个 C 语言程序的前提是新建一个程序或打开一个现有程序。下面将介绍如何新建一个程序，再介绍如何打开一个现有程序，并在此基础上对文件进行编译。

1. 新建一个项目

在 Microsoft Visual C++ 2010 学习版主窗口的菜单栏中单击"文件"→"新建"→"项目"命令，如图 1.18 所示。也可以按组合键 Ctrl+Shift+N。

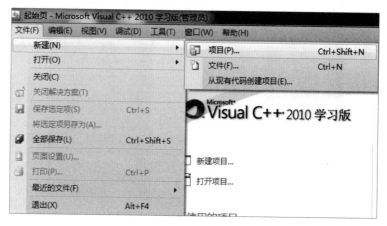

图 1.18 单击"项目"命令

打开"新建项目"对话框,如图 1.19 所示。单击左侧的"已安装的模板"下的"Visual C++"选项,并单击"Win32 控制台应用程序"选项,在"名称"文本框中输入项目名称,单击"位置"文本框右侧的"浏览"按钮,选择项目保存的目录,此时解决方案名称会自动和项目名称保持一致。

图 1.19 "新建项目"对话框

单击"确定"按钮,弹出如图 1.20 所示的"欢迎使用 Win32 应用程序向导"界面。

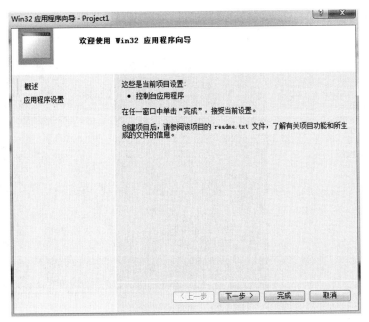

图 1.20　"欢迎使用 Win32 应用程序向导"界面

单击"下一步"按钮，弹出如图 1.21 所示的"应用程序设置"界面。在"附加选项"选项组中勾选"空项目"复选框，其他设置保持不变，单击"完成"按钮，打开如图 1.22 所示的项目编辑窗口。在"解决方案资源管理器"对话框中可以看到在"Project1"项目下包含了一个虚拟文件夹和三个空文件夹。

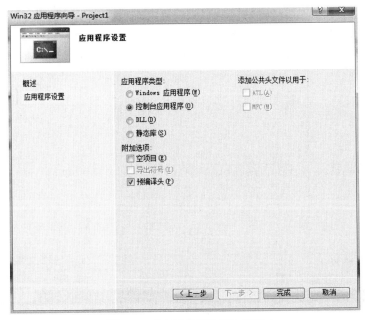

图 1.21　"应用程序设置"界面

下面在"Project1"项目下新建一个程序。

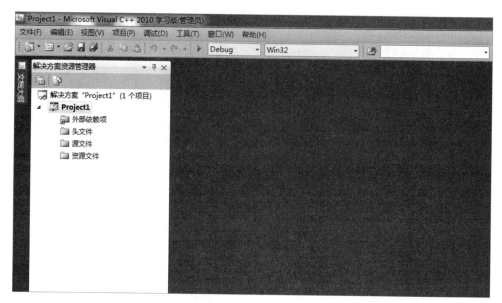

图 1.22   项目编辑窗口

2. 新建一个程序

在"源文件"文件夹上右击，会显示操作上下文菜单，单击"添加"→"新建项"命令，或按组合键 Ctrl+Shift+N，弹出如图 1.23 所示的"添加新项-Project1"对话框。

图 1.23   "添加新项-Project1"对话框

单击左侧的"已安装的模板"下的"Visual C++"选项，并单击"C++文件（.cpp）"选项，在"名称"文本框中输入新建程序的名称，单击"添加"按钮。

在项目编辑窗口左侧的"Project1"项目的"源文件"文件夹中和右侧都显示出了当前要编辑的文件名"1.cpp"，如图 1.24 所示。

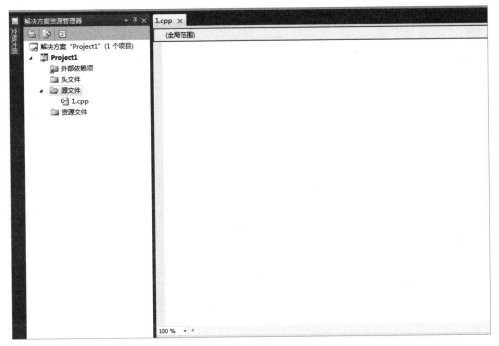

图 1.24　显示的文件名"1.cpp"

此时，项目编辑窗口被激活，可以在其中编辑程序。

3．打开一个现有程序

与新建一个项目的操作类似，可以通过单击"文件"→"打开"→"项目"命令或"解决方案"命令，也可以按组合键 **Ctrl+Shift+O** 打开项目编辑窗口，编辑区如图 1.25 所示。双击解决方案文件（扩展名为.sln），即可打开已有的项目，进入如图 1.26 所示的"打开项目"对话框。此外，也可以通过双击解决方案文件直接打开现有程序。

```
#include<stdio.h>
void main(){
    printf ("Hello World! ");
}
```

图 1.25　项目编辑窗口的编辑区

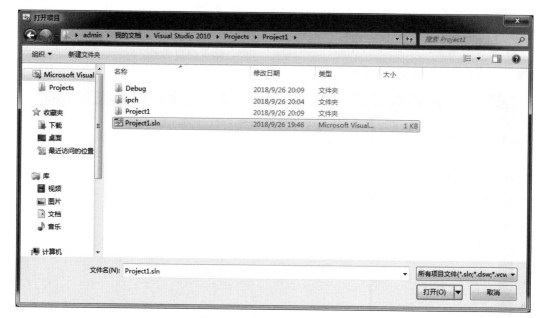

图1.26 "打开项目"对话框

进入编辑状态后，如果对程序进行了修改且未保存，那么在标题栏中的文件名后面会出现"*"，单击"文件"→"保存选定项"命令，或按组合键Ctrl+S都可以保存文件。保存文件之后，标题栏中的"*"消失。

如果不想将程序保存到指定文件中，那么可以单击"文件"→"将选定项另存在"命令，重新指定文件保存的位置，以及文件名。

1.2.3 编译、生成和运行程序

1. 编译程序

通过编译，可以检查程序中是否存在语法错误，并生成目标文件，程序的编译结果会显示在"输出"面板中，如图1.27所示。

在"源文件"文件夹中右击"1.cpp"文件，会显示操作上下文菜单，单击"编译"命令即可对程序进行编译。此外，也可以通过按组合键Ctrl+F7对程序进行编译。

如果程序中存在语法错误，那么可以通过双击错误提示信息定位到错误所在的代码行。例如，若把printf语句的分号去掉，则在编译时会出现如图1.28所示的语法错误。根据"输出"面板中的提示信息"缺少';'（在'}'的前面）"及编辑区中的蓝色提示箭头，可以直接定位到错误处进行修改。

值得注意的是，语法错误分为error和warning两类。error是一类致命错误，如果程序中有此类错误，那么无法生成目标程序，更不能执行目标程序。warning则是一类相对轻微的错误，虽然不会影响目标文件及可执行文件的生成，但是有可能会影响程序的运行结果。因此，建议最好把所有错误（无论是error还是warning）都一一修正。

图 1.27　程序的编译结果

图 1.28　编译时出现的语法错误

2．生成程序

链接将生成可执行文件。在 Microsoft Visual C++ 2010 学习版中，程序链接已经更名为程序生成。右击"Project1"项目，会显示操作上下文菜单，单击"生成"命令，即可生成程序。此外，也可以通过按组合键 Ctrl+F7 生成程序。类似地，生成结果也会显示在"输出"面板中，如图 1.29 所示。如果生成失败，那么同样会显示生成失败的具体原因。

```
(全局范围)                                              main()
#include<stdio.h>
 #include<stdlib.h>
void main(){
    printf("Hello World!");
    system("pause");
}
```

100 %

输出

显示输出来源(S): 生成

1>------ 已启动生成: 项目: test, 配置: Debug Win32 ------
1> 1.cpp
1> test.vcxproj -> E:\笔记\test\Debug\test.exe
========== 生成: 成功 1 个，失败 0 个，最新 0 个，跳过 0 个 ==========

图 1.29　程序的生成结果

3．运行程序

单击菜单栏中的"调试"→"启动调试"命令可以开始运行程序。此外，单击工具栏中的 ▶ 按钮或按 F5 键也可以开始运行程序。开始运行程序后，将弹出一个窗口，显示程序的运行结果，如图 1.30 所示。

图 1.30　程序的运行结果

本章小结

C 语言是一种非常重要的编程语言，可以用于开发各种应用程序，包括系统软件、嵌入式系统等。本章先介绍了 C 语言的基本知识，再介绍了安装与启动 Microsoft Visual C++ 2010 学习版，Microsoft Visual C++ 2010 学习版环境，编译、生成和运行 C 语言程序。首先，将 C 语言程序文件通过编译系统转换成可执行的目标文件；其次，将目标文件与所需的库文件进行链接；最后，生成可执行程序。

课后习题

一、选择题

1. 在一行写不下 C 语言程序时，可以（　　）。
    A．使用逗号换行
    B．使用分号换行
    C．按 Enter 键换行
    D．在任意位置按空格键换行
2. C 语言程序的基本单位是（　　）。
    A．程序行　　　　　B．语句　　　　　C．函数　　　　D．字符
3. 对于一个正常运行的 C 语言程序，以下叙述正确的是（　　）。
    A．程序的执行总是从 main 函数开始，在 main 函数中结束的
    B．程序的执行总是从程序的第一个函数开始，在 main 函数中结束的
    C．程序的执行总是从 main 函数开始，在程序的最后一个函数中结束的
    D．程序的执行总是从程序的第一个函数开始，在程序的最后一个函数中结束的
4. 以下叙述错误的是（　　）。
    A．计算机不能直接执行使用 C 语言编写的程序
    B．C 语言程序经编译系统编译后，生成的扩展名为.obj 的文件是一个二进制文件
    C．扩展名为.obj 的文件，经链接程序生成的扩展名为.exe 的文件是一个二进制文件
    D．扩展名为.obj 和.exe 的二进制文件都可以直接运行

二、简述题

1. 简述 C 语言的主要特点。
2. 简述一个 C 语言程序的主要组成部分。

三、程序阅读题

1. 以下程序的运行结果是（　　　　）。

```c
#include <stdio.h>
#include <stdlib.h>
int main()
{
    printf("This is a C program.\n");
    system("pause");
    return 0;
}
```

2. 以下程序的运行结果是（　　　　）。

```c
#include <stdio.h>
#include <stdlib.h>
int main()
{
    int a,b,sum;
    a = 123;
    b = 456;
    sum = a + b;
    printf("sum is %d\n",sum);
    system("pause");
    return 0;
}
```

四、编程题

1. 参照本章的【例 1.2】，输入 3 个整数，求最大的整数。
2. 使用 "*" 输出字母 A 的大致图案。

第2章

数据类型、运算符和表达式

从构成上来讲，计算机语言与普通的自然语言并没有什么区别。自然语言由笔画（或字母）构成字（或单词），由字（或单词）构成句子，由句子构成文章。一个 C 语言程序是由一系列符号构成的，由符号构成词，由词构成语句，由语句构成程序。在由符号构成词，由词构成语句的过程中，有一些相应的规则。

本章将主要介绍构成 C 语言程序的数据类型、运算符和表达式。

2.1 标识符与关键字

2.1.1 标识符

1. 字符集的基本知识

任何一个计算机系统所能使用的字符都是固定的、有限的，都受硬件设备的限制。要使用某种计算机语言来编写程序，就必须使用符合该种计算机语言规定的且计算机系统能够使用的字符。

C 语言的基本字符集包括英文字母、阿拉伯数字、下画线，以及其他特殊符号。

（1）英文字母：大小写各 26 个，共 52 个。

（2）阿拉伯数字：0～9，共 10 个。

（3）下画线。

（4）其他特殊符号：主要指运算符、标点符号及其他用途的特殊符号。运算符通常由 1～2 个特殊符号组成。特殊符号如下：

+	–	*	/	%	++	--	<	>
=	>=	<=	==	!=	!	||	&&	^
~	|	&	<<	>>	()	[]	{}	"
?	:	.	,	;	'	\		

2．标识符的基本知识

标识符用来表示函数、类型、变量、常量、标号等的名称，只能由英文字母、数字和下画线组成，且第一个字符不能是数字。

C 语言编译系统是识别大小写的，即在程序中同一个字母的大写与小写的含义是不同的，在编写程序时要特别注意这一点。例如，在编写程序时，定义了一个变量 student，但在语句中不小心将其写成了 Student，这样在编译时就会出现错误，系统会将 student 和 Student 当作两个不同的变量来看待。

编译系统对程序中标识符的长度都有自己的规定，一般不超过 32 个字符。在用户为自己定义的函数、类型、变量、常量、标号等命名时，要符合标识符的组成原则，且不能是 C 语言中特有的关键字。此外，在命名时，最好做到"见名知义"，如定义一个变量用来保存成绩，最好不要使用简单的 a 或 b 等，而要使用有意义的 score 或 chengji 等，这样做的目的是提高程序的可读性。

下面给出了一些用户自定义的合规与不合规的标识符。

合规的标识符：a、a123、_12、A45、_BV34、day、year。

不合规的标识符：a-123、4day、Mr.li、#ab、x+y、auto、typedef。

2.1.2 关键字

关键字是一种语言中规定的具有特定含义的标识符。关键字不能作为常量、变量、函数、标号来使用，用户只能根据系统的规定使用它们。

根据 ANSI C 可知，C 语言可以使用以下 32 个关键字。

auto	break	case	char	const	continue	default	do
double	else	enum	extern	float	for	goto	if
int	long	register	return	short	signed	sizeof	static
struct	switch	typedef	union	unsigned	void	volatile	while

这些关键字在之后各章节中会出现，这里不再赘述，读者也不需要死记硬背这些关键字。在进行程序设计时，这些关键字会经常用到，使用多了自然而然就熟悉了。

2.2 数据类型

程序应包括对数据的描述和对操作步骤的描述。对数据的描述，即数据结构。在计算机语言中，数据结构是以数据类型的形式出现的；对操作步骤的描述，即程序的算法。算法处理的对象是数据，而数据都是以某种特定的形式存在的，这种形式的差别来自数据类型。数据类型不同，数据在内存中的存储形式也不同，所能施加于这些数据上的操作也不同。随着处理对象的复杂化，数据类型也要变得丰富。数据类型的丰富程度，直接反映了程序设计语言处理问题的能力。

C 语言的一个重要特点就是它的数据类型十分丰富。C 语言提供的数据类型如图 2.1 所示。

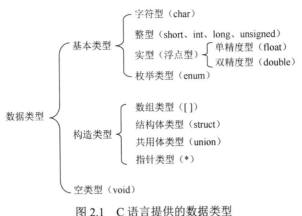

图 2.1 C 语言提供的数据类型

通常，将数组类型、结构体类型、共用体类型和指针类型统称为构造类型，构造类型是由基本类型构造而成的。

本节将介绍基本类型中的整型、实型和字符型，其他数据类型将在以后各章中进行介绍。

2.2.1 常量

在程序运行过程中，值不能发生改变的量被称为变量。常量可以有不同的类型，分为直接常量和符号常量，归纳如图 2.2 所示。

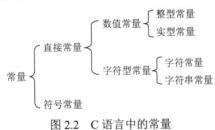

图 2.2 C 语言中的常量

1．整型常量

整型常量即通常所说的整常数，不带小数部分。整型常量可以用八进制形式、十六进制形式和十进制形式来表示。

1）八进制整型常量

八进制整型常量必须以 0 开头，即以 0 作为前缀，每位数码的取值均为 0～7。八进制整型常量不带符号，用来表示无符号整数。

合规的八进制整型常量如：0237、0101、0621、0177777。

不合规的八进制整型常量如：256、096、−027。

2）十六进制整型常量

十六进制整型常量必须以 0x 或 0X 开头，即以 0x 或 0X 作为前缀，每位数码的取值均为 0～9、A～F 或 a～f。同样地，十六进制整型常量不带符号，用来表示无符号整数。

合规的十六进制整型常量如：0x28AF、0x237、0xFFFF、0x5f。

不合规的十六进制整型常量如：28AF、5a、0x4K、−0x237。

3）十进制整型常量

十进制整型常量没有前缀，每位数码的取值均为 0～9。十进制整型常量是日常生活中常见的一种整数形式，也是 C 语言中用得比较多的一种形式。

十进制整型常量可以表示正数和负数，在有些问题中，如果不可能出现负数，那么可以将十进制整型常量表示成无符号数，表示方式是添加一个后缀 U 或 u，如 256U，表示无符号的 256。

2．实型常量

实型常量即通常所说的实数，只能用十进制小数形式或指数形式表示。

1）十进制小数形式

十进制小数形式的实数由数字和小数点组成，其中小数点是必须有的，小数点左侧和右侧中的至少一侧必须有数字。例如，2.4、−3.5 等都是合规的十进制小数形式的实数。

2）十进制指数形式

十进制指数形式的实数由十进制小数加阶码标志 E 或 e 及阶码组成。其一般形式为 aEn，其中 a 为小数部分，E 或 e 为阶码标志，n 为阶码，其表示的数为 $a \times 10^n$，a 可用的位数决定了实数的精度，n 可用的位数决定了实数可表示的大小，a 和 n 都可以有正负之分，但 n 必须为整数。

例如，2.34E+8，−5.6E−3，−2.1e+2 等都是合规的十进制指数形式的实数。

3．字符常量

字符常量包括两种，即普通的字符常量和转义字符。

1）普通的字符常量

普通的字符常量是指用英文单引号引起来的单个字符。成对出现的英文单引号是普通的字符常量的标志，在英文单引号中可以出现的字符为 ASCII 码表中的所有字符。

例如，'x'、'4'、'+'、' '等都是合规的普通的字符常量。

普通的字符常量在内存中一般占用 1 字节，即 8 位的空间，且在内存中存储的是该字符的 ASCII 码值。例如，字符'A'，在内存中表现出来是存储了 ASCII 码值 65。

2）转义字符

转义字符是一种特殊的字符常量。转义字符以"\"开头，后跟一个字符或若干个数字。转义字符具有特定的含义，不同于字符原来的意义。转义字符常用于输出格式的控制。常用的转义字符如表 2.1 所示。

表 2.1　常用的转义字符

转义字符	含义
\n	回车换行
\t	水平制表符，横向跳到下一个制表位
\b	退格
\r	回车
\\	反斜杠 "\"
\'	单引号
\"	双引号
\ddd	1～3 位八进制数表示的字符，如\103 表示字符 C，其中 ddd 表示的八进制数不能超过 377
\xhh 或\Xhh	1～2 位十六进制数表示的字符，如\x62 表示字符 b

【例 2.1】转义字符的使用示例。

程序代码如下：

```c
#include <stdio.h>
#include <stdlib.h>
int main()
{
    printf("ab\nncd\n\0fg");            //字符串中的\0 为字符串结束标记
    printf("ab\"cd\"ef\628\x62\n");     //字符串中的 8 不是八进制数
    system("pause");
    return 0;
}
```

运行结果如图 2.3 所示。

图 2.3　【例 2.1】的运行结果

第一个 printf 函数用于先在第 1 行的起始位置输出 ab，再遇到\n。因它的含义是回车换行，故先在第 2 行的起始位置输出 ncd，再遇到\n，移动到第 3 行的起始位置，遇到\0，结束字符串的输出，即不再输出\0 后面的字符。

第二个 printf 函数用于先在第 3 行的起始位置输出 ab，再遇到\"。因它的含义是双引号，故输出 cd"ef，接着遇到\62（8 不是八进制数），先输出字符 2（八进制数 62 对应的十进制数是 $6×8^1+2×8^0=50$，字符 2 的 ASCII 码值也是十进制数 50），再输出字符 8，最后遇到\62，输出字符 b（十六进制数 62 对应的十进制数是 $6×16^1+2×16^0=98$，字符 b 的 ASCII 码值也是十进制数 98）。

4．字符串常量

字符串常量是指使用英文双引号引起来的若干个字符的序列。例如，"I am a student"和"China"等都是合规的字符串常量。英文双引号中的可用字符也是 ASCII 码表中的字符。

字符串常量和字符常量不同，它们之间主要有以下区别。

（1）字符常量由英文单引号引起来，而字符串常量由英文双引号引起来。

（2）字符常量只能是一个字符，而字符串常量可以是 0 个、1 个或多于 1 个字符。当字符串中的字符个数为 0 时，使用""来表示，它表示一个空串。

（3）因为在 C 语言中有字符变量，但没有字符串变量，所以可以将一个字符赋给一个变量，但不可以将一个字符串赋给一个变量。在 C 语言中通常用字符数组或字符指针来实现字符串的功能。

（4）在内存中，字符常量只占用 1 字节的空间，而字符串常量占用内存的字节数等于字符串中字符的个数加 1。增加的 1 字节的空间中用于存放'\0'。例如，字符串"China"在内存中的存储形式如图 2.4 所示。

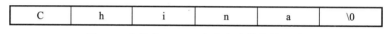

| C | h | i | n | a | \0 |

图 2.4　字符串"China"在内存中的存储形式

5．符号常量

在 C 语言中，使用一个标识符来表示的常量被称为符号常量。符号常量在使用之前必须先定义。符号常量的定义的一般形式如下：

```
#define 标识符 字符串
```

其中，#define 是一条预处理命令，被称为宏定义，功能是把该标识符定义为其后面的字符串的值。一经定义，程序中所有出现该标识符的位置，在程序进行编译之前，就代之以该字符串，这个过程被称为"宏展开"，之后才开始正式编译系统。习惯上，符号常量的标识符使用大写字母，而变量的标识符使用小写字母。

【例 2.2】符号常量的使用示例。

程序代码如下：

```
#define PI 3.1415926
#include <stdio.h>
#include <stdlib.h>
int main()
{
    float l,s,r,v;
    printf("请输入半径 r: ");
    scanf("%f",&r);
    l = 2.0 * PI * r;
    s = PI * r * r;
    v = 4.0/3 * PI * r * r * r;        //公式中的 4.0/3 不能写成 4/3
    printf("周长=%f\n 面积=%f\n 体积=%f\n",l,s,v);
```

```
        system("pause");
        return 0;
}
```

运行结果如图 2.5 所示。

图 2.5　【例 2.2】的运行结果

本程序的功能是输入一个半径 r，求圆的周长、面积和球的体积。

在运行程序时，先将程序中的所有 PI 都替换为 3.1415926，再开始编译，这个过程被称为预编译或预处理。

使用符号常量有以下几个好处。

（1）当符号常量的名称与自然语言中的名称相同时，可以提高程序的可读性。

（2）使用符号常量来代替一个字符串，可以减少程序中重复书写某些字符串的工作量。在上面的程序中，书写 PI 显然比书写 3.1415926 要更方便，工作量更少。

（3）方便程序的修改，提高程序的通用性。

在上面的程序中，如果要求计算的精度发生变化，那么应修改圆周率的值。如果没有定义 PI，那么修改只能在程序的语句中进行，要进行多处修改，这样做会出现两个方面的问题。一是工作量大，二是当程序较大时，出现 PI 的位置会很多，在修改的过程中有可能会遗漏某些位置，造成程序运行的错误。而如果定义了 PI，那么只需要在定义的位置进行修改，工作量小，且基本不会出现遗漏的问题。

2.2.2　变量

在程序运行过程中，值可以发生改变的量被称为变量。一个变量必须有一个名称，在内存中占据一定大小的存储单元，在该存储单元中存放该变量的值。

变量表示内存中具有特定属性的一块存储单元，用来存放数据，这些数据就是变量的值，在程序运行过程中，这些值是可以被改变的。

变量名实际上是一个名称，用来对应内存中的一个地址，在对程序编译时由编译系统给每个变量名分配对应的地址。从变量中取值，实际上是通过变量名找到相应的地址，从变量的存储单元中读取数据。

读者一定要注意区分变量名、变量值、变量的存储单元这 3 个不同的概念。变量名、变量值、变量的存储单元的关系如图 2.6 所示。

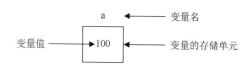

图 2.6　变量名、变量值、变量的存储单元的关系

变量必须有一个名称，这个名称由用户在编写程序时，按标识符的命名规则进行命名。在 C 语言程序中，所有变量都必须加以说明，没有任何隐含的变量。变量说明主要是指出变量名，确定变量的数据类型。

在 C 语言程序中，变量必须"先定义，后使用"。

1．变量的定义

变量的定义的一般形式如下：

```
类型标识符 变量名 1[，变量名 2…]；
```

其中，中括号内的为可选项。类型标识符是指各种数据类型的标识符，既可以是基本类型，又可以是构造类型。基本类型可以直接使用基本类型标识符来定义。如果是构造类型，那么在使用它来定义具体变量之前，要先定义相应的类型名，再使用该类型名定义变量。类型标识符决定了变量的属性，变量的属性有 3 个方面的内容，即变量的取值范围、变量占用内存的字节数、所能施加于该变量的操作类型。

变量名 1、变量名 2 等是用户为自己的程序中出现的各个变量的命名。

用户在一条语句中可以定义属于相同数据类型的多个变量。注意，不同数据类型的变量必须在不同的语句中分开定义。例如：

```
int i,j,k;              /*定义了整型变量 i、j、k*/
float x,y;              /*定义了单精度型变量 x、y*/
char ch1,ch2;           /*定义了字符变量 ch1、ch2*/
```

2．变量的赋值

变量经过定义后，就具有了相应的属性，但还没有确定的值。在使用变量进行各种运算来实现程序设计的目的之前，变量必须有确定的值。如果在给变量赋值前使用变量进行操作，那么系统会将一个随机值赋给变量，这样很容易出现错误。

为变量赋值，一般有 3 种方式。

1）在初始化时为变量赋值

在定义变量时，就给变量赋一个值。

例如：

```
int i = 1,j = 1,k = 0;
float x = 2.4,y;
char ch1 = 'A',ch2;
```

在定义变量 i、j、k、x、ch1 时，就给它们赋了值，使它们分别等于 1、1、0、2.4、'A'。在对变量进行初始化时，可以只给部分变量初始化，而对于其他变量使用其他方式来赋值，如上面的代码中的变量 y 和 ch2 没有进行初始化。

2）使用赋值运算符"="为变量赋值

在使用变量之前，可以使用赋值运算符"="为变量赋值。例如，在进行了上面的定义之后，就可以使用下面的方式对变量 y 和 ch2 进行赋值。

```
y = 4.75;
ch2 = 'B';
```

通过这两条语句，变量 y 和 ch2 就有了确定的值。

3）使用各种输入函数为变量赋值

例如：

```
int n;
scanf("%d",&n);
```

其中，scanf 函数是一个标准输入函数，将在后面的章节中详细介绍。

使用这种方式，在程序运行过程中，用户可以根据需要为变量 n 赋值。程序在每次运行时，可以通过输入不同的值赋给变量 n，使每次运行时的处理对象发生变化。

也可以只调用一次 scanf 函数输入多个值赋给多个变量。例如：

```
int i;
float x;
double y;
char ch1;
scanf("%d%f%lf%c",&i,&x,&y,&ch1);
```

这时，可以一次性地输入 4 个值，分别赋给变量 i、x、y、ch1。

下面通过相关程序来说明变量的定义及赋值。

【例 2.3】变量的定义及赋值示例 1。

程序代码如下：

```
#include <stdio.h>
#include <stdlib.h>
int main()
{
    int x,y,z,w;
    unsigned int k;
    x = 10;
    y= -20;
    k = 30;
    z = x + k;
    w = y + k;
    printf("x+k=%d,y+k=%d\n",z,w);
    system("pause");
    return 0;
}
```

运行结果如图 2.7 所示。

图 2.7 【例 2.3】的运行结果

【例 2.4】变量的定义及赋值示例 2。

程序代码如下：

```c
#include <stdio.h>
#include <stdlib.h>
int main()
{
    char c1,c2;
    c1 = 'a';
    c2 = 'b';
    c1 = c1 - 32;
    c2 = c2 - 32;
    printf("%c  %c\n",c1,c2);
    system("pause");
    return 0;
}
```

运行结果如图 2.8 所示。

图 2.8 【例 2.4】的运行结果

在 C 语言中，要求对所有用到的变量都进行强制定义，也就是"先定义，后使用"，这样做的目的有以下 3 点。

（1）每个变量被指定一种确定的数据类型，这样在编译时编译系统就能为其分配相应的存储单元。例如，若指定变量 a 和 b 为整型，则编译系统为变量 a 和 b 各分配 2 字节存储单元，并以整型存储数据。

（2）指定每个变量属于同一种数据类型，这样便于在编译时，据此检查该变量进行的运算是否合规。例如，整型变量 a 和 b，可以进行求余运算 a%b，得到 a 除以 b 的余数。而如果将 a、b 指定为实型变量，那么不允许其进行求余运算，在编译时会给出错误的提示信息。

（3）凡未被事先定义的，均不作为变量名，这样就能保证程序中变量名使用的正确性。

例如，如果在定义语句中写了 int student;，而在执行语句中将其错写成 statent，即 statent =
30;，那么在编译时会检查出 statent 未被定义，不作为变量名，从而给出错误的提示信息，
有助于用户发现错误和改正错误。

2.2.3　整型变量

1．分类

根据占用内存的字节数的不同，整型变量可以分为以下几种类型。

（1）有符号整型。有符号整型又分为基本整型、短整型、长整型。

（2）无符号整型。无符号整型又分为无符号基本整型、无符号短整型和无符号长整型
3 种，只能用于存储无符号整数。

2．占用内存的字节数与值域

上述各种整型变量占用内存的字节数随系统而异。Microsoft Visual C++ 2010 学习版的
编译系统为 32 位，在 32 位编译系统中，基本整型变量占用 4 字节内存，长整型变量占用
4 字节内存，短整型变量占用 2 字节内存。

显然，不同类型的整型变量占用内存的字节数不同，其所能表示数据的范围也不同。
占用内存的字节数为 n 的有符号整型变量的值域为 $-2^{n\times8-1}\sim2^{n\times8-1}-1$，无符号整型变量的值
域为 $0\sim2^{n\times8}-1$。

例如，在 16 位个人计算机中的一个有符号整型变量的值域为 $-2^{2\times8-1}\sim2^{2\times8-1}-1$，即 $-32\,768\sim$
$32\,767$；无符号整型变量的值域为 $0\sim2^{2\times8}-1$，即 $0\sim65\,535$。32 位编译环境下常用的基本类型
如表 2.2 所示。

表 2.2　32 位编译环境下常用的基本类型

类型	说明	长度（字节）	表示范围	备注
char	字符型	1	$-128\sim127$	$-2^7\sim2^7-1$
unsigned char	无符号字符型	1	$0\sim255$	$0\sim2^8-1$
int	整型	4	$-2\,147\,483\,648\sim2\,147\,483\,647$	$-2^{31}\sim2^{31}-1$
unsigned int	无符号整型	4	$0\sim4\,294\,967\,295$	$0\sim2^{32}-1$
short int	短整型	2	$-32\,768\sim32\,767$	$-2^{15}\sim2^{15}-1$
unsigned short int	无符号短整型	2	$0\sim65\,535$	$0\sim2^{16}-1$
long int	长整型	4	$-214\,7483\,648\sim2\,147\,483\,647$	$-2^{31}\sim2^{31}-1$
unsigned long int	无符号长整型	4	$0\sim4\,294\,967\,295$	$0\sim2^{32}-1$
float	实型	4	$-3.4\times10^{38}\sim3.4\times10^{38}$	7 位有效位
double	双精度型	8	$-1.7\times10^{308}\sim1.7\times10^{308}$	15 位有效位

注意，如果不清楚某种数据类型占用多少字节内存，那么可以使用语句 sizeof(数据类
型)让系统给出答案。在 Microsoft Visual C++ 2010 学习版中，语句 sizeof(int)的结果为 4，
sizeof(long int)的结果也为 4。

3．在内存中的存储形式

数据在内存中是以二进制补码形式存放的。正数的补码等于原码。如果一个数是负数，那么求其补码的方法复杂一些。求负数的补码的方法是，将该负数的绝对值的二进制形式，先按位取反再加 1。图 2.9 所示为 20 和-20 在内存中的存储形式。

0	0	0	0	0	0	0	0	0	0	0	0	0	0	0	0	0	0	0	0	0	0	0	0	0	0	0	1	0	1	0	0

（a）20 在内存中的存储形式

1	1	1	1	1	1	1	1	1	1	1	1	1	1	1	1	1	1	1	1	1	1	1	1	1	1	1	0	1	1	0	0

（b）-20 在内存中的存储形式

图 2.9　整数在内存中的存储形式

其中，最高位（图 2.9 中最左侧的一位）为符号位，0 表示正，1 表示负。但是对无符号整数来说，在存放时没有符号位，所有 32 位都用来存放实际整数。图 2.10 所示为最大和最小短整数在内存中的存储形式。

1	0	0	0	0	0	0	0	0	0	0	0	0	0	0	0

（a）最小有符号短整数-32 768 在内存中的存储形式

0	1	1	1	1	1	1	1	1	1	1	1	1	1	1	1

（b）最大有符号短整数 32 767 在内存中的存储形式

0	0	0	0	0	0	0	0	0	0	0	0	0	0	0	0

（c）最小无符号短整数 0 在内存中的存储形式

1	1	1	1	1	1	1	1	1	1	1	1	1	1	1	1

（d）最大无符号短整数 65 535 在内存中的存储形式

图 2.10　最大和最小短整数在内存中的存储形式

4．溢出

每种数据类型表示的数据范围都是有限的，如一个整型变量的最大值允许为 2 147 483 647。但在运算中，并不一定清楚结果，有时计算结果会超出所能表示的数据的最大值，这种情况通常被称为"溢出"。在编译系统时，对于溢出是不报错的，但溢出肯定会造成结果错误。

【例 2.5】整型变量的溢出示例。

程序代码如下：

```
#include <stdio.h>
#include <stdlib.h>
int main()
{
    int a,b;
    a = 2147483647;
    b = a + 1;
```

```
    printf("%d,%d\n",a,b);
    system("pause");
    return 0;
}
```

运行结果如图 2.11 所示。

图 2.11　【例 2.5】的运行结果

注意，C 语言的用法比较灵活，在运行使用 C 语言编写的程序时往往会出现副作用，而系统又不报错，这时要靠程序员的细心和经验保证结果正确。

2.2.4　实型变量

1. 分类

实型变量可以分为两种类型。

（1）单精度型。一般占用 4 字节（32 位）内存，提供 6～7 位有效数字。

（2）双精度型。一般占用 8 字节（64 位）内存，提供 15～16 位有效数字。

2. 在内存中的存储形式

一个实数一般占 4 字节内存。与整数的存储方式不同，实数是按指数形式存储的。系统把实数分成小数部分和指数部分，其中小数部分中的小数点前为 1，小数点后为有效数字。

这里以单精度型数据 11.5（二进制指数形式为 1.0111×2^3）为例介绍符号位 S，指数 E 和有效数字 M。单精度型数据 11.5 在内存中的存储形式如图 2.12 所示。

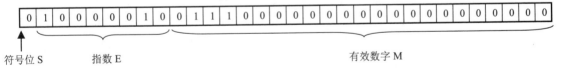

图 2.12　单精度型数据 11.5 在内存中的存储形式

符号位 S 占用 1 位内存，用来表示整个实数的正、负，0 表示正，1 表示负。

指数 E 占用 8 位内存，是一个无符号整数，取值范围为 0～255。因为科学记数法中的指数 E 是可以为负数的，所以在存入内存时，指数 E 的真实值必须加上一个中间数 127。例如，在 2^3 中指数 E 是 3，必须将其保存为 3+127=130，即 10000010。

有效数字 M 占用 23 位内存，图 2.12 中的有效数字是 0111，只有 4 位，不足 23 位，

在其后补 19 个 0 凑成 23 位，即 01110000000000000000000。

注意，对于 64 位的双精度型数据，最高位是符号位 S，之后的 11 位是指数 E，在存入内存时加上的中间数是 1023，剩下的 52 位是有效数字 M。

3．舍入误差

由于实型变量是使用有限的内存存储的，因此实型变量能提供的有效数字总是有限的，在有效位以外的数字将被舍去，由此可能会产生一些误差。

【例 2.6】实型变量的舍入误差示例。

程序代码如下：

```c
#include <stdio.h>
#include <stdlib.h>
int main()
{
    float a,b;
    a = 123456.789e5;
    b = a + 20;
    printf("%f\n",b);
    system("pause");
    return 0;
}
```

运行结果如图 2.13 所示。

图 2.13　【例 2.6】的运行结果

在运行程序时，输出的值不等于 12345678920。其原因是实型变量 a 的值比 20 大很多，a + 20 的理论值是 12345678920，而一个实型变量只能保证有效数字是 6～7 位，后面的数字是无意义的，并不能准确地表示该数。运行程序，得到的实型变量 a 和 b 的值都是 12345678848.000000。可以发现，前 8 位数字是准确的，后几位数字是不准确的，把 20 加到后几位数据上是无意义的。应当避免将一个很大的数字和一个很小的数字直接相加或相减，否则会"丢失"很小的数字。

2.2.5　字符变量

字符变量占用 1 字节内存。

1．值的存储

字符变量用来存储字符常量。将一个字符常量存储到一个字符变量中，实际上就是将该字符常量的 ASCII 码值（无符号整数）存储到内存中。

例如：

```
char ch1,ch2;              /*定义字符变量 ch1 和 ch2*/
ch1 = 'a';                 /*给字符变量 ch1 赋值*/
ch2 = 'b';                 /*给字符变量 ch2 赋值*/
```

字符变量 ch1 和 ch2 在内存中的存储形式如图 2.14 所示。

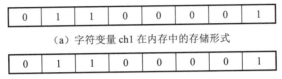

| 0 | 1 | 1 | 0 | 0 | 0 | 0 | 1 |

（a）字符变量 ch1 在内存中的存储形式

| 0 | 1 | 1 | 0 | 0 | 0 | 0 | 1 |

（b）字符变量 ch2 在内存中的存储形式

图 2.14　字符变量 ch1 和 ch2 在内存中的存储形式

2. 特性

字符变量在内存中存储的是 ASCII 码值，因为其存储形式与整型变量的存储形式一样，所以 C 语言在字符变量与整型变量中通用。

（1）字符变量既能够以字符形式输出，又能够以整数形式输出。

【例 2.7】字符变量以字符形式输出和以整数形式输出示例。

程序代码如下：

```
#include <stdio.h>
#include <stdlib.h>
int main()
{
    char ch1,ch2;
    ch1 = 'a';
    ch2 = 'b';
    printf("ch1=%c,ch2=%c\n",ch1,ch2);
    printf("ch1=%d,ch2=%d\n",ch1,ch2);
    system("pause");
    return 0;
}
```

运行结果如图 2.15 所示。

图 2.15　【例 2.7】的运行结果

（2）允许对字符变量进行算术运算，此时就是对它们的 ASCII 码值进行算术运算。

【例 2.8】字符变量的算术运算示例。

程序代码如下：

```c
#include <stdio.h>
#include <stdlib.h>
int main()
{
    char ch1,ch2;
    ch1 = 'a';
    ch2 = 'B';
    /*字母的大小写转换*/
    printf("ch1=%c,ch2=%c\n",ch1-32,ch2+32);
    /*以字符形式输出一个大于 256 的数*/
    printf("ch1+200=%d\n",ch1+200);
    printf("ch1+200=%c\n",ch1+200);
    printf("ch1+256=%d\n",ch1+256);
    printf("ch1+256=%c\n",ch1+256);
    system("pause");
    return 0;
}
```

运行结果如图 2.16 所示。

```
ch1=A,ch2=b
ch1+200=297
ch1+200=>
ch1+256=353
ch1+256=a
请按任意键继续. . .
```

图 2.16 【例 2.8】的运行结果

2.2.6 数据类型的转换

在 C 语言中，整数、单精度型数据、双精度型数据和字符型数据可以混合运算。字符型数据可以与整数通用。例如，100 + 'A' + 8.65 - 2456.75 * 'a'是一个合规的运算表达式。在进行运算时，不同类型的数据要先转换成相同类型，再进行运算。

在 C 语言中进行数据类型的转换主要有 3 种方式，即自动转换、赋值转换和强制转换。

1. 自动转换

自动转换的规则如图 2.17 所示。

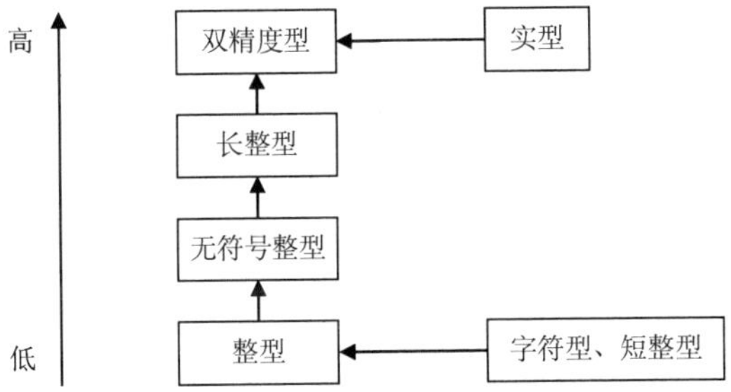

图 2.17　自动转换的规则

（1）实型自动转换成双精度型。

（2）字符型、短整型自动转换成整型。

（3）整型与双精度型运算，直接将整型转换成双精度型。

（4）整型与无符号整型运算，直接将整型转换成无符号整型。

（5）整型与长整型运算，直接将整型转换成长整型。

总之，自动转换的规则是由低级向高级转换。对于如图 2.17 所示的数据类型的自动转换，不要错误地理解为先将字符型、短整型转换成整型，再将整型转换成无符号整型，接着将无符号整型转换成长整型，最后将长整型转换成双精度型。

例如：

```
char ch = 'a';
int i = 13;
float x = 3.65;
double y = 7.528e-6;
```

若表达式为 i + ch + x * y，则表达式类型的自动转换是这样进行的。

首先，将变量 ch 转换成整数，计算 i + ch，由于 ch = 'a'，而'a'的 ASCII 码值为 97，因此计算结果为 110，110 的数据类型为整型。其次，将变量 x 转换成双精度型数据，计算 x * y，计算结果的数据类型为双精度型。最后，将 i + ch 的值 110 转换成双精度型数据，表达式的最终结果为双精度型数据。

2. 赋值转换

如果赋值运算符两侧的数据类型虽不一致但都是数值型或字符型，那么在赋值过程中要进行类型的转换。赋值转换的规则如下：

（1）整数在被赋给单精度型变量或双精度型变量时，数值虽不变，但会以实数形式存储到变量中。

（2）实数在被赋给整型变量时，应舍弃小数部分。例如，若 x 为整型变量，则在执行 x=4.25 时，取 x=4。

（3）在将字符型数据赋给整型变量时，由于字符型数据只占用 1 字节内存，而整型变量占用 2 字节内存，因此将字符型数据放到整型变量的低 8 位中，而整型变量的高 24 位应视系统是处理有符号变量还是处理无符号变量两种不同情况，分别在高位补 1 或补 0，如

图 2.18 所示。

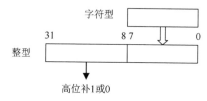

图 2.18 将字符型数据赋给整型变量

（4）在将有符号整数赋给长整型变量时，需要进行符号的扩展。如果整数为正，那么在长整型变量的高 16 位补 0，反之则补 1。

（5）在将无符号整数赋给长整型变量时，不需要进行符号的扩展，只需要将高位补 0。

例如：

```
int a,b;
float x1 = 2.5,x2;
double y1 = 2.2,y2;
a = x1;                  /*将 x1 的值转换成 2 赋给 a，小数部分被截掉了*/
x2 = 3.14159 * y1 * y1;  /*右侧表达式为双精度型，先将其转换成单精度型再将其赋给 x2*/
b='a';                   /*先将'a'的 1 字节的 ASCII 码值转换成 2 字节的整数，再将其赋给
b，b 的值为 97*/
```

精度高的数据类型在向精度低的数据类型转换时，数据的精度有可能会降低。同时，也可能会导致整个运算结果出错。对于这类转换，在进行程序设计时，读者一定要注意。

3. 强制转换

通过强制转换运算符可以将一个表达式转换成所需类型。例如：

```
(int)(a+b)       /*将 a + b 的值强制转换成整型*/
(double)x        /*将 x 的值强制转换成双精度型*/
(float)(10%3)    /*将 10 % 3 的值强制转换成实型*/
```

强制转换的一般形式如下：

```
(类型名)(表达式)
```

例如：

```
int a=7,b=2;
float y1,y2;
y1 = a / b;          /*y1 的值为 3*/
y2 = (float)a / b;   /*y2 的值为 3.5，将 a 强制转换成实型，b 也会随之自动转换为实型*/
```

（1）初学者要注意区分强制转换的一般形式和变量的定义的一般形式。

（2）(int)(x+y)和(int)x+y 强制转换的对象是不同的。(int)(x+y)表示对 x+y 进行强制转换；而(int)x+y 则表示对 x 进行强制转换。

（3）通过强制转换，会得到一个所需类型的中间变量，原变量的类型并没有发生变化。例如，在（int）x 中，假设 x 原来被指定为实型，进行强制转换后得到一个实型的中间变量。这个中间变量的值等于 x 的整数部分，而 x 的类型不变，x 的值也不变。

【例 2.9】强制转换示例。

程序代码如下：

```c
#include <stdio.h>
#include <stdlib.h>
int main()
{
    float x;
    int i;
    x = 3.6;
    i = (int)x;
    printf("x=%f,i=%d\n",x,i);
    system("pause");
    return 0;
}
```

运行结果如图 2.19 所示。

图 2.19　【例 2.9】的运行结果

由此可见，i 的值为 x 的整数部分，但 x 的类型仍为实型，x 的值仍等于 3.6。

2.3　运算符和表达式

在 C 语言中，除控制语句和输入/输出函数外，其他所有基本操作都作为运算符处理。运算符是一种向编译系统说明一个特定的数学或逻辑运算的符号。C 语言中的运算符非常丰富，由此也使得 C 语言的功能非常强大。C 语言中的运算符按参与运算的对象的个数不同，可以分为单目运算符、双目运算符和三目运算符。

2.3.1　运算符的优先级、结合性及表达式的基本知识

1．运算符的优先级和结合性的基本知识

优先级是指在由不同的运算符共同构成表达式时，运算符运算的先后顺序。优先级高的先运算，优先级低的后运算。注意，使用括号运算符可以改变表达式的求值顺序。

结合性是指当一个运算对象（又称操作数）两侧的运算符具有相同的优先级时，该运算对象是先与左侧的运算符结合，还是先与右侧的运算符结合。自左至右的结合方向，被称为左结合性。反之，被称为右结合性。

运算符的结合性是 C 语言特有的性质。除单目运算符、赋值运算符和条件运算符是右结合性外，其他运算符都是左结合性。

2．表达式的概念及求值顺序

1）表达式的概念

使用运算符和小括号将运算对象（常量、变量和函数等）连接起来的、符合 C 语言语法规则的式子被称为表达式。

单个常量、变量或函数，可以看作一种表达式的特例。由单个常量、变量或函数构成的表达式被称为简单表达式，其他表达式被称为复杂表达式。

2）表达式的求值顺序

（1）按运算符优先级的高低进行运算。例如，先乘除，后加减。

（2）如果运算对象两侧的运算符的优先级相同，那么按 C 语言规定的结合方向进行计算。

例如，算术运算符的结合方向是"自左至右"，即在执行 a－b＋c 时，b 先与"－"结合，执行 a－b 的运算，再与"＋"结合，执行＋c 的运算。

2.3.2　算术运算符及其表达式

1．算术运算符的种类

C 语言提供的基本算术运算符有"＋""－""*""/""%" 5 种。

（1）"＋""－""*"：这 3 种运算符在 C 语言中和其他语言中的含义一样。

（2）"/"：C 语言规定，使用这种算术运算符，两个整数相除，商为整数，小数部分被舍弃。例如，5 / 2 = 2。

（3）"%"：在运算时，要求两侧的运算对象必须均为整数，否则会出错，结果是两数相除后的余数。

（4）算术运算符都属于双目运算符。

2．算术运算符的优先级

算术运算符的优先级较高。除单目运算符、成员运算符、下标运算符、括号运算符外，算术运算符的优先级是最高的。

在 5 种基本算术运算符中，"*""/""%"的优先级相同，都高于"＋"和"－"，而"＋"和"－"的优先级相同。

3．算术表达式

由算术运算符和小括号将运算对象连接起来的式子被称为算术表达式。例如，3 + 6 * 9、(x + y) / 2 - 1 等，都是算术表达式。

在算术表达式中的算术运算符的左侧和右侧各添加一个空格，可以提高程序的可读性。

【例 2.10】算术运算符及其表达式示例。

程序代码如下：

```
#include <stdio.h>
#include <stdlib.h>
int main()
{
    printf("5 / 2 = %d\n5.0 / 2 = %f\n5 %% 2 = %d\n",5 / 2,5.0 / 2,5 % 2);
    system("pause");
    return 0;
}
```

运行结果如图 2.20 所示。

图 2.20　【例 2.10】的运行结果

2.3.3　自增、自减运算符及其表达式

1．自增、自减运算符的作用及运算规则

自增运算符，即"++"；自减运算符，即"−−"。

1）作用

自增运算用于使单个变量的值增加 1，自减运算用于使单个变量的值减少 1。

2）运算规则

自增、自减运算符都有两种运算规则。

（1）前置运算，即自增、自减运算符都放在变量之前，先使变量的值增加（或减小）1，再使用变化后的值参与其他运算，即先增减、后运算。

（2）后置运算，即自增、自减运算符都放在变量之后，先让变量参与其他运算，再使变量的值增加（或减少）1，即先运算、后增减。

2．自增、自减运算符的优先级

自增、自减运算符都是单目运算符。自增、自减运算符的优先级都高于算术运算符，但都低于成员运算符、括号运算符和下标运算符。

3．自增、自减表达式

自增、自减表达式的形式都很简单，如++i、a−−等。

【例 2.11】自增、自减运算符及其表达式示例。

程序代码如下：

```
#include <stdio.h>
#include <stdlib.h>
```

```
int main()
{
    int x = 6,y;
    printf("x=%d\n",x);              /*输出 x 的初值*/
    y = ++x;                         /*前置运算*/
    printf("y=++x: x=%d,y=%d\n",x,y);
    y = x--;                         /*后置运算*/
    printf("y=x--: x=%d,y=%d\n",x,y);
    system("pause");
    return 0;
}
```

运行结果如图 2.21 所示。

```
x=6
y=++x:  x=7, y=7
y=x--:  x=6, v=7
请按任意键继续. . .
```

图 2.21 【例 2.11】的运行结果

思考：将语句 y = ++x;中的前置运算改为后置运算，即 y = x++;，将语句 y = x--;中的后置运算改为前置运算，即 y = --x;，程序的运行结果会如何呢？

4．说明

（1）自增、自减运算符常用于循环语句中，以使循环控制变量增加（或减少）1，也常用于指针变量中，以使指针指向下（或上）一个地址。

（2）自增、自减运算符不能用于常量和表达式中。例如，5++、--(a + b)等都是不合规的。

（3）自增、自减运算符要求运算对象为一个整数，而不能为一个实数。例如，若有一个实型变量 f，则 f++是一种错误的使用。

（4）因为在表达式中连续使同一个变量进行自增运算或自减运算时很容易出错，所以最好避免使用这种方法。例如，若有一个整型变量 i，则++++i 是一个合规的表达式，其功能是连续使变量 i 进行两次自增操作，但最好避免使用这种方法，可以把它改为++i;++i;。这样做可以避免不同系统在编译时的相异性，且可以提高程序的可读性。

2.3.4 赋值运算符及其表达式

1．简单赋值运算符及其表达式

"="是简单赋值运算符，功能是将一个表达式的值赋给一个变量。

简单赋值表达式的一般形式如下：

```
变量 = 表达式
```

"="的左侧只能为单个的变量，"="的右侧可以为简单表达式，也可以为复杂表达式，一般要求表达式的值的类型和被赋值的变量的类型相容。

例如：

```
x = 5
y = x + 5 / 2
```

如果表达式的值的类型与被赋值的变量的类型不一致但都是数值型或字符型，那么系统会先自动将表达式的值的类型转换成被赋值的变量的类型，再给变量赋值。

2. 复合赋值运算符及其表达式

复合赋值运算符由一个双目运算符和一个简单赋值运算符构成。C 语言中规定的 10 种复合赋值运算符包括 5 种复合算术运算符和 5 种复合位运算符。其中，复合算术运算符为"+="" -="" *="" /="" %="，复合位运算符为" &="" ^="" |="" <<="" >>="。

复合赋值表达式的一般形式如下：

```
变量 复合赋值运算符 表达式
```

等价于：

```
变量 = 变量 双目运算符 (表达式)
```

其中，只有表达式为简单表达式，表达式外的一对小括号才可以省略，否则可能会出错。

例如：

```
x += 3              /* 等价于 x = x + 3 */
y *= x + 6          /* 等价于 y = y * (x + 6)，而非 y = y * x + 6 */
```

使用复合赋值运算符，可以使书写的代码更为简练。

3. 赋值运算符的优先级

赋值运算符的优先级较低，仅比逗号运算符高，比其他运算符的优先级都低。

2.3.5　关系运算符及其表达式

关系运算实际上就是比较运算，即将两个值进行比较，判定这两个值是否符合给定的关系。

例如，a > b 中的">"是一个大于关系运算符。如果 a 的值是 5，b 的值是 3，那么这个关系表达式的结果为真，即条件成立；如果 a 的值是 2，b 的值是 3，那么这个关系表达式的结果为假，即条件不成立。

1. 关系运算符的种类

C 语言提供了 6 种关系运算符，分别为<（小于）、<=（小于或等于）、>（大于）、>=（大于或等于）、==（等于）、!=（不等于）。

注意，在 C 语言中，等于关系运算符是"=="，而不是"="，"="为赋值运算符。

2．关系运算符的优先级

关系运算符的优先级比算术运算符低，比位运算符高。在这 6 种关系运算符中，"<"
"<=" ">" ">=" 的优先级高于 "==" "!="。

3．关系表达式

1）关系表达式的概念

关系表达式是指使用关系运算符将两个表达式连接起来进行关系运算的式子。例如，
关系表达式 a > b，a + b > c - d，(a = 3) <= (b = 5)，'a' >= 'b'，(a > b) == (b > c)都是合规的。

2）关系表达式的值

C 语言中没有逻辑型数据，使用 1 表示真，使用 0 表示假。因此，关系表达式的值，
还可以参与其他种类的运算，如算术运算、逻辑运算等。

【例 2.12】关系运算符及其表达式示例。

程序代码如下：

```c
#include <stdio.h>
#include <stdlib.h>
int main()
{
    int a,b,c,d,num1 = 3,num2 = 4,num3 = 5;
    a = num1 > num2;
    b = (num1 > num2) != num3;
    c = num1 < num2 < num3;
    d = (num1 < num2) + num3;
    printf("a = %d\nb = %d\nc = %d\nd = %d\n",a,b,c,d);
    system("pause");
    return 0;
}
```

运行结果如图 2.22 所示。

图 2.22 【例 2.12】的运行结果

2.3.6　逻辑运算符及其表达式

1．逻辑运算符的种类及运算规则

1）种类

C 语言提供了以下 3 种逻辑运算符。

&&：逻辑与（相当于"同时"）。

||：逻辑或（相当于"或者"）。

!：逻辑非（相当于"否定"）。

例如，(x >= 0) && (x < 10)、(x < 1) || (x > 5)、!(x ==0)，(year % 4 == 0) && (year % 100 != 0) || (year % 400 == 0)都是逻辑表达式。

2）运算规则

（1）&&：1 && 1 = 1、1 && 0 = 0、0 && 1 = 0、0 && 0 = 0，即当且仅当两个运算对象都为真时，运算结果为真，否则为假。

（2）||：1 || 1 = 1、1 || 0 = 1、0 || 1 = 1、0 || 0 = 0，即当且仅当两个运算对象都为假时，运算结果为假，否则为真。

（3）!：!1 = 0、!0 = 1，即当运算对象为真时，运算结果为假；当运算对象为假时，运算结果为真。

例如，若 x = 5，则(x >= 0) && (x < 10)的值为真，(x < -1) || (x > 5)的值为假。

2．逻辑运算符的优先级

在逻辑运算符中，"!"属于单目运算符，优先级很高，只比成员运算符、括号运算符、下标运算符低；而"||"和"&&"属于双目运算符，优先级比位运算符低，但比条件运算符、赋值运算符和逗号运算符高，且"&&"的优先级高于"||"。

3．逻辑表达式

关系表达式只能描述单一条件，如 x >= 0。如果需要描述多个条件，如 x >= 0 且 x < 10，那么应借助逻辑表达式。

1）逻辑表达式的概念

逻辑表达式是指使用逻辑运算符将 1 个或多于 1 个的表达式连接起来进行逻辑运算的式子。在 C 语言中，用逻辑表达式表示多个条件的组合。

例如，(year % 4 == 0) && (year % 100 != 0) || (year % 400 == 0)就是一个判断一个年份是否为闰年的逻辑表达式。

逻辑表达式的结果也是一个逻辑值，即真或假。

2）逻辑运算对象的真假判定

在 C 语言中，使用 1 表示真，使用 0 表示假。但在判断一个运算对象的真或假时，以 0 和非 0 为依据。若为 0，则判定为假；若为非 0，则判定为真。

例如，若 num = 12，则!num 的值为 0，num || num > 31 的值为 1。

4．说明

（1）逻辑运算符两侧的运算对象，除可以是 0 和非 0 的整数外，还可以是其他任何类型的数据。

（2）在计算逻辑表达式时，只有在必须执行下一个表达式才能求解时，才求解该表达式，即并不是所有表达式都会被求解。换句话说，对于逻辑与运算，如果第一个运算对象被判定为假，那么系统不再判定或求解第二运算对象；对于逻辑或运算，如果第一个运算对象被判定为真，那么系统不再判定或求解第二运算对象。

例如，若 n1 = 1、n2 = 2、n3 = 3、n4 = 4、x = 1、y = 1，则求解(x = n1 > n2) && (y = n3 > n4)后，x 的值变为 0，而 y 的值不变，仍等于 1。

【例 2.13】逻辑运算符及其表达式示例。

程序代码如下：

```c
#include <stdio.h>
#include <stdlib.h>
int main()
{
    int a = 0,b = 2,c = 3,i,j;
    i = a++ && ++b && c++;
    printf("a = %d b = %d c = %d\n",a,b,c);
    a = 0;
    b = 2;
    c = 3;
    j = a++ || ++b || c++;
    printf("a = %d b = %d c = %d\n",a,b,c);
    system("pause");
    return 0;
}
```

运行结果如图 2.23 所示。

图 2.23 【例 2.13】的运行结果

2.3.7 条件运算符及其表达式

1. 条件运算符的作用

条件运算符可以用来表示简单的双分支选择结构。当双分支选择结构中的语句都较为简单时，可以使用条件运算符来代替，使程序更为简练。

2. 条件运算符的优先级

条件运算符的优先级较低，仅比赋值运算符和逗号运算符高。

3．条件表达式

条件表达式的一般形式如下：

表达式 1 ? 表达式 2：表达式 3

其中，"表达式 1""表达式 2""表达式 3"的类型可以各不相同。

如果"表达式 1"的值非 0，那么运算结果等于"表达式 2"的值；否则，运算结果等于"表达式 3"的值。

【例 2.14】通过键盘输入一个字符，如果它是大写字母，那么把它转换成小写字母并输出；否则，直接输出。

程序代码如下：

```c
#include <stdio.h>
#include <stdlib.h>
int main()
{
    char ch;
    printf("请输入一个字符: ");
    scanf("%c",&ch);
    ch = (ch >= 'A' && ch <= 'Z') ? (ch + 32) : ch;
    printf("ch=%c\n",ch);
    system("pause");
    return 0;
}
```

运行结果如图 2.24 所示。

图 2.24　【例 2.14】的运行结果

2.3.8　逗号运算符及其表达式

1．逗号运算符的概念

在 C 语言中，可以把多个表达式使用逗号连接起来，构成一个更大的表达式，其中的逗号被称为逗号运算符。逗号运算符又称顺序求值运算符。逗号运算符即","。

2．逗号运算符的优先级

逗号运算符的优先级是所有运算符中最低的。

3．逗号表达式

由逗号运算符将运算对象连接起来的式子被称为逗号表达式。其一般形式如下：

表达式1,表达式2,…,表达式n

下面是逗号表达式的求解过程。

自左至右，依次计算各表达式的值，"表达式n"的值为整个逗号表达式的值。

例如，对于 a = 3 * 5,a * 4，先求解 3 * 5=15，再求解 a * 4 = 60。因此，这个逗号表达式的值为60。

又如，对于(a = 3 * 5,a * 4),a + 5，先求解 3 * 5=15，再求解 a * 4=60，最后求解 a + 5 = 20。因此，这个逗号表达式的值为20。

注意，并不是任何位置出现的逗号都是逗号运算符。在很多情况下，逗号仅用作分隔符。

例如，int a,b,c;中的逗号用作分隔符。

【例 2.15】逗号运算符及其表达式示例。

程序代码如下：

```c
#include <stdio.h>
#include <stdlib.h>
int main()
{
    int a,b,c;
    a = 5;
    c = ++a;
    b = ++c,c++,--a,a--;
    b += a++ + c;
    printf("a = %d\nb = %d\nc = %d\n",a,b,c);
    system("pause");
    return 0;
}
```

运行结果如图 2.25 所示。

图 2.25 【例 2.15】的运行结果

2.3.9 位运算符及其表达式

位运算是指进行二进制位的运算。在系统软件中，常要处理二进制位的问题。C 语言中提供了位运算的功能。与其他高级语言相比，C 语言显然具有很大的优越性。

1. 位运算符的种类

C 语言中提供了 6 种位运算符，即"&"（按位与）、"|"（按位或）、"^"（按位异或）、

"~"（按位取反）、"<<"（按位左移）、">>"（按位右移）。

在这 6 种位运算符中，除 "~" 属于单目运算符外，其他都属于双目运算符。

2．位运算符的优先级

位运算符的优先级从高到低依次为 "~" "<<" ">>" "&" "^" "|"。

注意，"<<" 和 ">>" 的优先级是相同的。

3．位运算表达式的一般形式及位运算符的运算规则

1）&

（1）一般形式如下：

```
x & y
```

（2）运算规则如下：

1 & 1=1、1 & 0 = 0、0 & 1 = 0、0 & 0 = 0。

例如，10 & 20 = 0：

$$
\begin{array}{r}
00000000000000000000000000001010 \\
\&\quad 00000000000000000000000000010100 \\
\hline
00000000000000000000000000000000 = 0
\end{array}
$$

2）|

（1）一般形式如下：

```
x | y
```

（2）运算规则如下：

1 | 1 = 1、1 | 0 = 1、0 | 1 = 1、0 | 0 = 0。

例如，10 | 20 = 30：

$$
\begin{array}{r}
00000000000000000000000000001010 \\
|\quad 00000000000000000000000000010100 \\
\hline
00000000000000000000000000011110 = 30
\end{array}
$$

3）^

（1）一般形式如下：

```
x^y
```

（2）运算规则如下：

1^1=0、1^0=1、0^1=1、0^0=0。

例如，10 ^ 20 = 30：

$$
\begin{array}{r}
00000000000000000000000000001010 \\
\wedge\quad 00000000000000000000000000010100 \\
\hline
00000000000000000000000000011110 = 30
\end{array}
$$

4）~

（1）一般形式如下：

~x

（2）运算规则如下：

~1 = 0、~0 = 1。

例如，~10 = -11：

$$\sim \frac{00000000000000000000000000001010}{11111111111111111111111111110101 = -11}$$

5）<<

（1）一般形式如下：

x<< 位数

（2）运算规则如下：

使运算对象的各位左移，将低位部分补 0，将高位部分溢出。

例如，5 << 2 = 20：

$$\frac{\begin{array}{l}00000000000000000000000000000101\\<<2\end{array}}{00000000000000000000000000010100 = 20}$$

6）>>

（1）一般形式如下：

x>>位数

（2）运算规则如下：

使运算对象的各位右移，将移出去的低位部分舍弃，将空出来的高位部分按下面的规则处理。

① 对无符号数和有符号数中的正数补 0。

② 对于有符号数中的负数，取决于使用的系统，即补 0 的被称为"逻辑右移"，补 1 的被称为"算术右移"。

例如，20 >> 2 = 5：

$$\frac{\begin{array}{l}00000000000000000000000000010100\\>>2\end{array}}{00000000000000000000000000000101 = 5}$$

4．说明

（1）运算对象 x、y 和"位数"，都只能是整数或字符型数据。

（2）在参与运算时，必须先把运算对象 x 和 y 转换成二进制形式，再进行相应的位运算。

【例 2.16】通过键盘输入一个整数给变量 num，输出由 8～11 位构成的数（从低位、0 号开始编号）。

程序代码如下：

```
#include <stdio.h>
#include <stdlib.h>
int main()
{
    int num,mask;
    printf("请输入一个整数: ");
    scanf("%d",&num);
    num >>= 8;                //将变量 num 右移 8 位，将 8～11 位移动到低 4 位上*/
    mask = ~(~0 << 4);        //间接构造一个低 4 位为 1、其余各位为 0 的整数*/
    printf("结果 = 0x%x\n",num & mask);
    system("pause");
    return 0;
}
```

运行结果如图 2.26 所示。

图 2.26　【例 2.16】的运行结果

本程序先将变量 num 右移 8 位，将 8～11 位移动到低 4 位上，再间接构造一个低 4 位为 1、其余各位为 0 的整数，最后将构造的整数与变量 num 进行按位与运算。

在本程序中，~0 为全 1；左移 4 位后，低 4 位为 0，其余各位为 1；按位取反后，低 4 位为 1，其余各位为 0。

【例 2.17】通过键盘输入一个正整数给变量 num，以二进制形式输出该数。

程序代码如下：

```
#include <stdio.h>
#include <stdlib.h>
int main()
{
    int num,mask,i;
    printf("请输入一个正整数: ");
    scanf("%d",&num);
    mask = 1 << 15;  /*构造一个最高位为 1，其余各位为 0 的正整数（屏蔽字）*/
    printf("%d = ",num);
    for(i = 1; i <= 16; i++)
```

```
    {
        putchar(num&mask ? '1' : '0');       /*输出最高位的值*/
        num <<= 1;                           /*将次高位的值移动到最高位上*/
        if(i % 4 == 0 )
            putchar(',');                    /*每4位一组，使用逗号分隔*/
    }
    printf("\bB\n");
    system("pause");
    return 0;
}
```

运行结果如图 2.27 所示。

图 2.27 【例 2.17】的运行结果

本章小结

本章主要介绍 C 语言的基础知识，包括标识符与关键字、数据类型、运算符和表达式。掌握 C 语言的基础知识是正确进行程序设计的前提，读者必须掌握这些知识，并且做到灵活运用。C 语言中的字符集比较丰富。通过学习本章，读者应能正确地进行标识符的定义；理解常量和变量在程序中的表现形式和作用；了解不同类型的数据在内存中的存储形式；掌握一些特殊常量的使用方法，如符号常量、转义字符等。C 语言中拥有丰富的运算符，这是 C 语言具有强大功能的基础。运算符的结合性是 C 语言特有的性质，读者要熟练掌握各种运算符的运算规则和结合性，对各种表达式进行正确的运算。在 C 语言中，各种数据类型可以混合运算，这时一定要清楚地理解各种数据类型之间的转换规则。

课后习题

一、选择题

1. C 语言中的标识符只能由字母、数字和下画线组成，且第一个字符（   ）。
    A. 必须为字母
    B. 必须为下画线
    C. 必须为字母或下画线
    D. 可以是字母、数字和下画线中的任意一种

2. C 语言的数据类型中的基本类型包括（　　）。

    A．整型、实型、逻辑型　　　　　　　B．整型、实型、字符型

    C．整型、字符型、逻辑型　　　　　　D．整型、实型、逻辑型、字符型

3. C 语言中规定，不同类型的数据占用内存的长度是不同的。下列各组数据中满足占用内存按从小到大的顺序排列的是（　　）。

    A．short int、char、float、double

    B．char、float、int、double

    C．int、unsigned char、long int、float

    D．char、int、float、double

4. 以下（　　）属于合规的 C 语言中的字符常数。

    A．'\97'　　　　　　B．"A"　　　　　　C．'\t'　　　　　　D．"\0"

5. 若有说明语句 char c='\72';，则（　　）。

    A．变量 c 中包含 1 个字符　　　　　　B．变量 c 中包含 2 个字符

    C．变量 c 中包含 3 个字符　　　　　　D．变量 c 的值不确定

6. 在 C 语言中，字符型数据在内存中是以（　　）形式存储的。

    A．原码　　　　　　B．补码　　　　　　C．反码　　　　　　D．ASCII 码

7. 在 C 语言中，运算对象必须是整数的运算符是（　　）。

    A．%　　　　　　　B．/　　　　　　　C．%和/　　　　　　D．*

8. 在以下选项中，当 x 为大于 1 的奇数时，值为 0 的是（　　）。

    A．x % 2 == 1　　　B．x / 2　　　　　C．x % 2 != 0　　　D．x % 2 == 0

9. 假设有定义 int k = 0;，以下选项的 4 个表达式中与其他 3 个表达式的值不相同的是（　　）。

    A．k++　　　　　　B．k += 1　　　　　C．++k　　　　　　D．k + 1

10. 已知'A'的 ASCII 码值是 65，'a'的 ASCII 码值是 97，以下不能将变量 c 中的大写字母转换为对应小写字母的语句是（　　）。

    A．c = (c - 'A') % 26 + 'a'　　　　　　B．c = c + 32

    C．c = c - 'A' + 'a'　　　　　　　　　D．c = ('A' + c) % 26 - 'a'

11. C 语言中逻辑表达式的值是（　　）。

    A．0 或 1　　　　　　　　　　　　　　B．非 0 或 0

    C．true 或 false　　　　　　　　　　　D．'true'或'false'

12. 以下说法中不正确的是（　　）。

    A．c > a + b 等价于 c > (a + b)

    B．若 a 和 b 均为真，则 a||b 为真

    C．表达式'c' && 'd'的值为 0

    D．"!"比"||"的优先级高

13. 以下能正确表示"当 x 的取值范围在[1,10]或[100,110]内时结果为真，否则结果为假"的表达式是（   ）。

    A. (x >= 1) && (x <= 10) && (x >= 100) && (x <= 110)

    B. (x >= 1) || (x <= 10) || (x >= 100) || (x <= 110)

    C. (x >= 1) && (x <= 10) || (x >= 100) && (x <= 110)

    D. (x >= 1) || (x <= 10) && (x >= 100) && (x <= 110)

14. 若有以下语句，则结果为整数的表达式是（   ）。

```
int i;
char c;
float f;
```

    A. i+f   B. i*c   C. c+f   D. i+c+f

15. 以下程序的运行结果是（   ）。

```
#include <stdio.h>
#include <stdlib.h>
int main()
{
    int u=010,v=0x10,w=10;
    printf("%d,%d,%d\n",u,v,w);
    system("pause");
    return 0;
}
```

    A. 8,16,10   B. 10,10,10

    C. 8,8,10   D. 8,10,10

16. 以下程序的运行结果是（   ）。

```
#include <stdio.h>
#include <stdlib.h>
int main()
{
    unsigned char a = 2,b = 4,c = 5,d;
    d = a | b;
    d &= c;
    printf("%d\n",d);
    system("pause");
    return 0;
}
```

    A. 3   B. 4   C. 5   D. 6

二、填空题

1. 若 x = 2.5，a = 7，y = 4.7，则 x + a % 3 * (int)(x + y) % 2 / 4 的值为_____。

2. 若 a = 2，b = 3，x = 3.5，y = 2.5，则 (float)(a + b) / 2 + (int)x % (int)y 的值为_____。

3．若 a = 12，n = 5，则计算了 a %= (n% = 2)后，a 的值为_____，计算了 a += a -= a * = a 后，a 的值为_____。

4．假设 a = 3，b = 4，c = 5，计算以下各表达式的值。

（1）a + b > c && b == c　　　　（2）a || b + c && b - c

（3）!(a>b) && !c || 1　　　　　（4）!(x = a) && (y = b) && 0

（5）!(a + b) + c - 1 && b + c / 2

三、写出下面赋值的结果。表格中写了的数值表示要将它赋给其他类型的变量

整型	99				42	
字符型		'd'				
无符号整型			76			65 535
实型				53.65		
长整型					68	

四、程序阅读题

1．以下程序的运行结果是（　　）。

```
#include <stdio.h>
#include <stdlib.h>
int main()
{
    char c1 = 'a',c2 = 'b',c3 = 'c',c4 = '\101',c5 = '\116';
    printf("a%cb%c\tc%c\tabc\n",c1,c2,c3);
    printf("\t\b%c %c\n",c4,c5);
    system("pause");
    return 0;
}
```

2．以下程序的运行结果是（　　）。

```
#include <stdio.h>
#include <stdlib.h>
int main()
{
    int i,j,m,n;
    i = 8;
    j = 10;
    m = ++i;
    n = j++;
    printf("%d,%d,%d,%d\n",i,j,m,n);
    system("pause");
    return 0;
}
```

3．以下程序的运行结果是（　　　）。

```
#include <stdio.h>
#include <stdlib.h>
int main()
{
    int x,y,a,b,c,d,e;
    x = 077;
    y = 3;
    a = x & y;
    b = x | y;
    c = x ^ y;
    d = -10 << 2;
    e = -10 >> 2;
    printf("077 & 3 = %d\n",a);
    printf("077 & 3 = %d\n",b);
    printf("077 & 3 = %d\n",c);
    printf("-10 << 2 = %d\n",d);
    printf("-10 >> 2 = %d\n",e);
    system("pause");
    return 0;
}
```

五、编程题

1．使用条件运算符的嵌套完成：学习成绩大于或等于 90 分的学生用 A 表示，学习成绩在 60～89 分的学生用 B 表示，学习成绩小于 60 分的学生用 C 表示。

2．取一个整数 a 从右侧开始的 4～7 位。

第3章

顺序结构程序设计

通过学习前面的内容，相信读者已经对 C 语言有了一个基本的认识。接下来，本章将主要介绍 C 语言中的 3 种基本程序结构，即顺序结构、选择结构和循环结构。本章将从最简单的顺序结构开始进行介绍，由浅入深，步步推进。读者通过学习，即可独立编写简单的 C 语言程序。

为了能编写 C 语言程序，读者必须具备以下技能。

（1）有正确的解题思路，即学会设计算法，否则无从入手。

（2）掌握 C 语言的语法，知道怎样使用 C 语言提供的功能编写出一个完整、正确的程序。也就是在设计好算法之后，能用 C 语言正确表示此算法。

（3）在设计算法和编写程序时，采用结构化程序设计的方法，编写顺序结构程序。

3.1 顺序结构程序设计举例

本节以一个温度转换问题为例，介绍顺序结构程序设计的基本方法，并给出顺序结构程序的具体实现步骤。

【例 3.1】假设某人要去某地旅游，当地天气预报是使用华氏温度报告的，请编写程序，进行温度的转换，计算并输出对应的摄氏温度。

在一般情况下，使用程序解决上述问题一共需要经过 4 个步骤。

1. 问题分析

可以从多个不同角度来分析温度转换问题的计算部分。例如，用户可以手动输入当前华氏温度，程序根据转换公式进行计算，并将转换后的摄氏温度显示在屏幕上；也可以先通过语音识别、图像识别等方法获取待转换的华氏温度或直接通过互联网获取当地华氏温度，再由程序计算后告知用户摄氏温度。相较于前者，后者无须手动输入，但后者无疑实现难度更大。从不同角度分析同一个问题的计算部分，将产生不同的算法和程序。到底如何利用计算机来解决问题呢？这需要结合当前计算机技术的发展水平和人们现有的各方面

的条件，将问题中的计算部分以合理、经济的方式实现。本节以第一种思路为例，介绍后续的几个步骤。

2. 算法设计

明确了问题的计算部分后，下面设计具体的实现算法。

（1）确定输出项。

本示例的要求为"计算并输出对应的摄氏温度"，明确了输出项为摄氏温度，即 celsius。

（2）确定输入项。

输入项是华氏温度，即 fahrenheit。

（3）列出输入项与输出项的关系。

本示例中，由华氏温度转换为摄氏温度的公式为 celsius=5/9*(fahrenheit-32)。

（4）进行计算，得出结果。

3. 编写程序

通常来说，函数体中包含顺序执行的各部分语句，各部分语句的作用主要如下：

（1）定义变量。

（2）输入提示信息（提示用户该输入什么样的数据）。

（3）输入语句。

（4）处理数据。

（5）输出运行结果。

基于上述分析，使用 C 语言编写的程序代码如下：

```c
#include <stdio.h>
#include <stdlib.h>
int main()
{
    float celsius,fahrenheit;            //定义变量
    printf("请输入一个华氏温度: ");       //输出提示信息
    scanf("%f",&fahrenheit);             //获取输入的数据
    celsius=5.0/9*(fahrenheit-32);       //处理数据
    printf("摄氏温度: %.2f\n",celsius);  //输出运行结果
    system("pause");                     //让程序暂停一下，便于查看运行结果
    return 0;
}
```

通读程序代码，了解每行程序代码的大概作用（程序代码注释有助于理解每行程序代码的具体含义）。

4. 运行程序

输入上述程序代码并编译，确认没有错误之后运行程序。下面是 3 次测试的运行结果。

输入一个华氏温度数据，即 20，运行结果如图 3.1 所示。

请输入一个华氏温度：20
摄氏温度：-6.67
请按任意键继续. . .

图 3.1　【例 3.1】的运行结果 1

输入一个华氏温度数据，即 51.2，运行结果如图 3.2 所示。

请输入一个华氏温度：51.2
摄氏温度：10.67
请按任意键继续. . .

图 3.2　【例 3.1】的运行结果 2

输入一个华氏温度数据，即 32，运行结果如图 3.3 所示。

请输入一个华氏温度：32
摄氏温度：0.00
请按任意键继续. . .

图 3.3　【例 3.1】的运行结果 3

由于程序没有任何语法错误，运行结果完全符合预期，因此此处不需要额外进行程序的调试。在一般情况下，简单程序的错误相对较少，而复杂程序的错误往往较多，需要设计专门的测试实例对程序进行全面调试。对于程序设计初学者而言，发现错误、找出缺陷的程序调试过程非常重要，需重视。

3.2　C 语言的基本语句

从【例 3.1】中可以发现，函数包括声明部分和执行部分，执行部分由语句组成，语句的功能是向计算机系统发出操作指令，要求执行相应的操作。一条语句经过编译后会产生若干条操作指令。声明部分不是语句，不会产生操作指令，只用于对相关数据进行声明。

执行部分语句由数据定义语句、数据处理语句和流程控制语句组成。数据定义语句主要包括变量定义语句、数组定义语句、指针定义语句、函数定义语句、标签定义语句；数据处理语句主要包括表达式语句、函数调用语句、空语句、复合语句；流程控制语句主要包括选择控制语句和循环控制语句。本节将简单介绍流程控制语句，并详细介绍表达式语句、函数调用语句、空语句、复合语句。顺序结构程序由表达式语句、函数调用语句组成，各条语句按书写顺序执行。

3.2.1　流程控制语句

流程控制语句用于实现一定的控制功能。在 C 语言中只有 9 种流程控制语句。其一般形式分别如下：

（1）if()...else...　　（选择结构语句）

（2）for()...　　　　（循环结构语句）

（3）while()...　　　　（循环结构语句）

（4）do...while()　　　（循环结构语句）

（5）continue　　　　（结束本次循环语句）

（6）break　　　　（中止执行 switch 语句或循环语句）

（7）switch()　　　　（多分支选择语句）

（8）return　　　　（返回语句）

（9）goto　　　　（转向语句，在结构化程序中基本不使用 goto 语句）

上面 9 种流程控制语句的一般形式的"()"中为判别条件，"..."表示内嵌的语句。

3.2.2　表达式语句

由表达式加上分号组成的语句被称为表达式语句。表达式语句的一般形式如下：

```
表达式;
```

注意，分号是表达式语句结束标志。

表达式语句包括运算符语句和赋值语句，功能是计算表达式的值或改变变量的值。

例如：

```
i++;     //自增运算语句，功能是使变量 i 的值增加 1
--j;     //自减运算语句，功能是使变量 j 的值减少 1
y+z;     //加法运算语句，计算结果未保留，无实际意义
x=y+z;   //赋值语句，先计算 y+z 的值，再将此值赋给变量 x
```

赋值语句是程序中使用较多的一种语句。在使用赋值语句的过程中要注意以下几种情况。

（1）由于在"="右侧的表达式也可以是一个赋值表达式，因此下述形式：

```
变量=(变量=表达式);
```

是成立的，从而形成嵌套的情形。

上述表达式展开之后的一般形式如下：

```
变量=变量=...=表达式;
```

例如：

```
a=b=c=d=e=4;
```

按赋值运算符的右结合性，此表达式实际上等价于：

```
e=4;
d=e;
c=d;
b=c;
a=b;
```

（2）给变量赋初值和赋值语句的区别为，给变量赋初值属于数据定义语句一部分，赋初值后的变量与其后的其他同类变量之间仍必须使用逗号隔开，而赋值语句则必须以分号

结尾。

例如：

```
int a=4,b,c;
```

在变量的定义中，不允许连续给多个变量赋初值。

例如，下述定义是错误的。

```
int a=b=c=4;
```

必须将其写为：

```
int a=4,b=4,c=4;
```

允许连续给多个赋值语句赋值。

（3）赋值表达式和赋值语句的区别为，赋值表达式是一种表达式，能出现在任何允许表达式出现的位置，而赋值语句则不能。

例如，下述语句是合规的。

```
if((x=y+5)>0)  z=x;
```

上述语句表示，若 x=y+5 大于 0，则 z=x。

又如，下述语句是不合规的。

```
if((x=y+5;)>0)  z=x;
```

这是因为 x=y+5;是语句，不能出现在表达式中。

3.2.3 函数调用语句

函数调用语句由函数调用表达式后加上分号组成。其一般形式如下：

```
函数名(参数列表);
```

例如：

```
printf("%d",a);  //输出函数调用语句，表示向显示器输出变量 a 的值
scanf("%d",&a);  //输入函数调用语句，表示通过键盘输入值，将其赋给变量 a
```

C 语言有丰富的标准函数库，可以提供各类函数供用户调用。完成预先设定好的功能后，可以直接调用函数，如可以进行数据输入/输出、求数学函数值等。

3.2.4 空语句

空语句使用一个分号表示。其一般形式如下：

```
;
```

空语句是什么也不执行的语句。在程序中，空语句可以用作空循环体。

3.2.5 复合语句

把多条语句使用大括号括起来组成的一条语句被称为复合语句。在程序中应把复合语句看成单条语句，而非多条语句。

例如：

```
{
x=y+z;
a=b+c;
printf("%d%d",x,a);
}
```

这是一条复合语句。复合语句中的各条语句都必须以分号结尾，在大括号外不能添加分号。

3.3 输入/输出函数

几乎每个 C 语言程序都包含输入/输出部分。因为要进行运算，所以必须输入数据，而运算的结果需要输出，以便人们应用。输入/输出是相对于以计算机主机为主体而言的，从计算机向外部输出设备（显示器、打印机等）传输数据被称为输出，从外部输入设备（键盘、鼠标等）向计算机传输数据被称为输入。为了让计算机处理各种数据，应该先把源数据输入计算机，待计算机处理结束后，再将目标数据以人们能够识别的方式输出。

C 语言本身不提供输入/输出语句。C 语言程序的输入/输出，是由 C 语言提供的库函数实现的，库函数有 printf 函数和 scanf 函数等。注意，printf 与 scanf 不是 C 语言的关键字，而只是函数名，也可以不使用这两个函数名，重新编写输入/输出函数。C 语言具有丰富的输入/输出函数，有用于键盘输入和显示器输出的输入/输出函数，也有用于磁盘文件读写的输入/输出函数等。本节将主要介绍用于键盘输入和显示器输出的输入/输出函数。

在使用库函数时，应使用预编译命令#include 将相关头文件包含在用户源文件中。头文件包含了与用到的函数相关的信息。例如，标准输入/输出函数的有关信息被放在 stdio.h 文件中。因此，在调用标准输入/输出函数时，要在源文件开头包含#include <stdio.h>或#include "stdio.h"。

其中，stdio 的全称为 standard input and output。

3.3.1 标准输出函数 printf

printf 函数是格式化输出函数，功能是按指定格式把指定数据显示到标准输出设备（显示器）上。需要注意的是，C 语言提供的输入/输出格式比较多，也比较烦琐，在初学时不必花费太多精力去深究每一个细节，重点掌握常用的一些规则即可，其他知识可以在需要时随时查阅。

1. 调用 printf 函数的一般形式

调用 printf 函数的一般形式如下：

```
printf("格式控制字符串", 输出项列表);
```

例如：

```
printf("x=%d,y=%c\n",x,y);
```

其中，小括号内包含以下两部分内容。

（1）格式控制字符串：必须用英文双引号引起来，功能是控制输出项的格式和输出一些提示信息，包含 3 种信息。

① 格式控制符，由 "%" 和格式字符组成，例如，%d 表示将数据以整型输出，%c 表示将数据以字符型输出。

② 普通字符，按原样输出，如 "x="、","、"y=" 都是普通字符。

③ 转义字符，指明特定的操作，如\n 用于回车换行，\t 用于横向跳到下一个制表位。

（2）输出项列表：列出需要输出的一些数据，如常量、变量、表达式等，可以是 0 个、1 个或多于 1 个，每两个输出项之间用逗号分隔。输出的数据可以是整数、实数、字符和字符串。

例如：

```
int i=65;
printf("i=%d,%c\n",i,i);
```

输出结果如下：

```
i=65,A
```

语句 printf("i=%d,%c\n",i,i);中的两个输出项都是变量 i，但以不同的格式输出，一个输出 65，另一个输出 A，其格式分别由%d 和%c 来控制；格式控制字符串中的 i=是普通字符，按原样输出；\n 是转义字符，用于回车换行。

2．格式控制符

格式控制符用于说明输出数据的类型、形式、长度、小数位数等。对不同类型的数据需要使用不同的格式控制符。常用的格式控制符有以下几种。

1）d 格式字符

d 格式字符用于以十进制形式输出整数。其主要有以下几种用法。

（1）%d：按整数的实际长度输出。例如：

```
printf("%d",1234);
```

输出结果如下：

```
1234
```

（2）%md：m 为指定的输出数据的宽度，为非负整数。如果数据的宽度小于 m 位，那么左侧补空格；如果数据的宽度大于 m 位，那么按实际位数以十进制形式输出。例如：

```
int a=123,b=123456;
printf("%5d,%5d",a,b);
```

输出结果如下：

```
⊔ ⊔123,123456
```

注意，本书中使用 "⊔" 表示一个空格。

（3）%-md：如果数据的宽度小于 m 位，那么右侧补空格；如果数据的宽度大于 m 位，那么按实际位数以十进制形式输出。例如：

```
printf("-5d,%-5d",a,b);
```

输出结果如下：

```
123━ ━,123456
```

（4）%ld：输出长整数。例如：

```
long a=123456789;
printf("%ld",a);
```

输出结果如下：

```
123456789
```

当然，也可以指定输出数据的宽度，例如：

```
printf("%10ld",a);
```

输出结果如下：

```
━123456789
```

整数可以使用%d 或%ld 形式输出。

2）o 格式字符

o 格式字符用于以八进制形式输出整数。输出的整数不带符号，即将符号位也一起作为八进制数的一部分输出。例如：

```
int a=9;
printf("%d,%o",a,a);
```

输出结果如下：

```
9,11
```

长整数可以使用%lo 形式输出。同样地，也可以指定输出数据的宽度。

例如：

```
printf("%3o,%-3o",a,a);
```

输出结果如下：

```
━11,11━
```

3）x 或 X 格式字符

x 或 X 格式字符用于以十六进制形式输出整数。

例如：

```
int a=11;
printf("%x,%X,%d",a,a,a);
```

输出结果如下：

```
B,B,11
```

4）u 格式字符

u 格式字符用于以十进制形式输出无符号整数。

例如：

```
int a=-1;
printf("%d,%u",a,a);
```

输出结果如下：

```
-1,4294967295
```

5）c 格式字符

c 格式字符用于输出一个字符。

【例 3.2】字符的输出示例。

程序代码如下：

```
#include <stdio.h>
#include <stdlib.h>
int main()
{
    char c='b';
    int a=66;
    printf("%c,%d,%3c\n",c,c,c);
    printf("%c,%d,%3c\n",a,a,a);
    system("pause");
    return 0;
}
```

运行结果如图 3.4 所示。

```
b,98,  b
B,66,  B
请按任意键继续...
```

图 3.4　【例 3.2】的运行结果

一个整数的值只要在 0~255 范围内，就可以作为一个字符输出。在输出前，系统会将该整数视为 ASCII 码值转换成相应的字符；反之，一个字符也可以作为一个整数输出，即输出其对应的 ASCII 码值。由于%3c 指定了输出宽度为 3 位，因此左侧补 2 个空格。

6）s 格式字符

s 格式字符用于输出一个字符串。其主要有以下几种用法。

（1）%s。例如：

```
printf("%s","China");
```

输出结果如下：

```
China
```

（2）%ms：当字符串的长度小于指定的 m 位时，在左侧补空格；当字符串的长度大于指定的 m 位时，按字符串的实际长度输出。

（3）%-ms：当字符串的长度小于指定的 m 位时，在右侧补空格；当字符串的长度大于指定的 m 位时，按字符串的实际长度输出。

（4）%m.ns：输出的字符串占 m 位，只输出字符串中开头的 n 个字符，且字符串右对齐，当字符串的长度小于指定的 m 位时，在左侧补空格。

语言程序设计

【例 3.3】字符串的输出示例。

程序代码如下：

```
#include <stdio.h>
#include <stdlib.h>
int main()
{
    printf("%s,%5s,%.4s,%7.2s,%-7.3s\n","Hello","Hello","Hello","Hello",
    " Hello");
    system("pause");
    return 0;
}
```

运行结果如图 3.5 所示。

```
Hello,Hello,Hell,     He,He
请按任意键继续. . .
```

图 3.5 【例 3.3】的运行结果

因为其中的第 3 个输出项的格式说明为%.4s，表示只指定了 n，没有指定 m，此时自动使 m=n=4，因此输出 4 位。在第 4 个输出项的左侧补 3 个空格。在第 5 个输出项的右侧补 2 个空格。

7）f 格式字符

f 格式字符用于以小数形式输出十进制实数，可以指定宽度，也可以指定小数位数。其主要有以下几种用法。

（1）%f：不指定宽度，输出全部整数部分，并输出 6 位小数。注意，并非全部数字都是有效数字。单精度型数据的有效位数一般为 7 位，双精度型数据的有效位数一般为 16 位。

（2）%m.nf：输出的实数共占 m 位，其中有 n 位小数，若实数长度小于指定的 m 位，则在左侧补空格。

（3）%-m.nf：与%m.nf 的用法基本相同，只是若实数长度小于指定的 m 位，则在右侧补空格。

【例 3.4】实数的输出示例。

程序代码如下：

```
#include <stdio.h>
#include <stdlib.h>
int main()
{
    float x=123.456;
    double y=123.456;
    printf("%f,%8f,%8.2f,%.2f,%-8.2f\n",x,x,x,x);
    printf("%lf,%8lf,%8.2lf,%.2lf,%-8.2lf\n",y,y,y,y);
    system("pause");
    return 0;
}
```

运行结果如图 3.6 所示。

```
123.456001,123.456001,   123.46,123.46,0.00
123.456000,123.456000,   123.46,123.46,0.00
请按任意键继续. . .
```

图 3.6　【例 3.4】的运行结果

其中，在第 1 行的第 3 个输出项的左侧补 2 个空格，在第 4 个输出项的右侧补 2 个空格。注意，x 的值应为 123.456，而按%f 形式输出的是 123.456001。这是因为单精度型数据的有效位数一般为 7 位，即只有前面的 7 位是有效数字，末尾的 01 是因实数在内存中的存储误差而引起的。而因为双精度型数据的有效位数一般为 16 位，所以 y 输出的全部是有效数字。

8）e 格式字符

e 格式字符用于以指数形式输出十进制实数。其主要有以下几种用法。

（1）%e：按标准宽度输出。标准宽度共占 13 位，整数部分占 1 位，小数点占 1 位，小数部分占 6 位，e 占 1 位，指数正（负）号占 1 位，指数占 3 位。例如：

```
printf("%e",123.4567);
```

输出结果如下：

```
1.234　567e+002
```

（2）%m.ne 和%-m.ne："m""n""-"与前面介绍的%m.nf 和%-m.nf 中的"m""n""-"的含义相同。例如：

```
float f=321.654;
printf("%e,%9e,%9.1e,%.1e,%-9.1e",f,f,f,f,f);
```

输出结果如下：

```
3.216　540e+002,3.216540e+002,  3.2e+002,3.2e+002,3.2e+002
```

9）%g 格式字符

%g 格式字符用于输出实数。

如果要输出%本身，那么写两个%。例如：

```
printf("%f%%",1.0/3);
```

输出结果如下：

```
0.333　333%
```

以上详细介绍了各种格式控制符。下面对格式控制符进行归纳。

格式控制符的一般形式如下：

```
%[标志][输出最小宽度][.精度][长度]类型
```

其中，中括号内的为可选项。

下面为各部分的说明。

（1）标志：有"-""+""#"3 种。

-：结果左对齐，右侧补空格。

+：输出符号（正号或负号）。

#：对类型 c、s、d、u 无影响；对类型 o，在输出时添加前缀 o；对类型 x，在输出时添加前缀 0x；对类型 e、g、f，只有结果有小数才会给出小数点。

（2）输出最小宽度：使用十进制整数表示输出的最少位数。若实际位数多于定义的宽度，则按实际位数输出；若实际位数少于定义的宽度，则在输出数据的左侧或右侧补空格；若在"输出最小宽度"格式字符前添加前缀 0，则在不足位时补 0。

（3）.精度：以"."开头，后跟十进制整数。如果输出整数，那么表示至少要输出的数字个数，若不足则在左侧补 0，若超出则原样输出；如果输出实数，那么表示小数的位数；如果输出字符，那么表示输出字符的个数；如果实际位数大于定义的精度数，那么删除超出的部分。

（4）长度：有 h 和 l 两种，h 表示按短整数形式输出，l 表示按长整数形式输出。

（5）类型：输出数据的类型。其格式字符及相应的说明如下。

d：以十进制形式输出有符号整数（正数不输出符号）。

o：以八进制形式输出无符号整数（不输出前缀 0）。

x 或 X：以十六进制形式输出无符号整数（不输出前缀 0x）。

u：以十进制形式输出无符号整数。

c：输出单个字符。

s：输出字符串。

f：以小数形式输出实数。

e 或 E：以指数形式输出实数。

g 或 G：以%f 或%e 中较短的输出宽度输出实数。

%：输出百分号。

3.3.2 标准输入函数 scanf

scanf 函数是格式化输入函数，功能是按指定格式通过键盘把数据传给指定变量。

1．调用 scanf 函数的一般形式

调用 scanf 函数的一般形式如下：

```
scanf("格式控制字符串",地址列表);
```

其中，小括号内包括两部分内容。

（1）格式控制字符串：与 printf 函数中的格式控制字符串的功能相似，包含两种字符，即格式控制符、普通字符。格式控制符与 printf 函数中的格式控制符的功能相似。对于普通字符，在输入有效数字时必须原样输入。

（2）地址列表：由若干个地址组成的列表，相邻两个地址之间使用逗号分隔。地址列表中的地址，既可以是变量的首地址，又可以是字符数组名或指针变量名。它与格式控制

字符串中的格式控制符一一对应。

变量的首地址的一般形式如下：

```
&变量名
```

其中，"&"是取地址运算符。

【例 3.5】scanf 函数的使用示例。

程序代码如下：

```
#include <stdio.h>
#include <stdlib.h>

int main()
{
    int x,y,z;
    printf("请输入 3 个数: ");
    scanf("%d%d%d",&x,&y,&z);      //通过键盘输入变量 x、y、z 的值
    printf("%d,%d,%d\n",x,y,z);    //输出变量 x、y、z 的值
    system("pause");
    return 0;
}
```

运行结果如图 3.7 所示。

```
请输入 3 个数：2 3 4
2,3,4
请按任意键继续. . .
```

图 3.7　【例 3.5】的运行结果

其中，&x 表示变量 x 在内存中的地址。本程序中的 scanf 函数的功能是，通过键盘输入 3 个数，将其分别赋给变量 x、y、z。%d%d%d 表示以十进制形式输入整数。在输入整数时，两个整数之间以 1 个或多于 1 个空格分隔，也可以按 Enter 键或 Tab 键分隔。例如，下面的输入均合规。

① 2␣␣3␣␣␣4↙

② 2↙
　　3␣␣4↙

③ 2（按 Tab 键）3↙
　　4↙

2．格式控制符

与 printf 函数相同，scanf 函数的格式控制符也由"%"和格式字符组成。

格式控制符的一般形式如下：

```
%[*][输入数据宽度][长度]类型
```

其中，中括号内的为可选项。

下面为各部分的说明。

（1）*：输入赋值抑制符，表示该输入项读入后不赋给相应的变量，即跳过该输入项。例如：

```
scanf("%d%*d%d",&a,&b);
```

当输入 1↲2↲3↙时，把 1 赋给变量 a，2 被跳过，把 3 赋给变量 b。

（2）输入数据宽度：输入项最多可以输入的位数。若遇空格或不可转换的字符，则将减少读入的字符数。例如：

```
scanf("%5d",&a);
```

当输入 12345678↙时，只把 12345 赋给变量 a，其余部分被截去。

又如：

```
scanf("%4d%5d%f",&a,&b,&c);
```

当输入 200812↲7.1↙时，把 2008 赋给变量 a，把 12 赋给变量 b，把 7.1 赋给变量 c。其中，%4d 用于控制第 1 个数据只取 4 个字符，即将前面的 4 个字符转换成 2008；%5d 用于控制第 2 个数据只取后面的 5 个字符，由于 12 后面是空格，将减少读入的字符数，因此只把 12 赋给变量 b。

（3）长度：有 l 和 h，l 表示输入长整数和双精度型数据，h 表示输入短整数。

（4）类型：输入数据的类型。其格式字符及相应的说明如下。

d：以十进制形式输入有符号整数。

o：以八进制形式输入无符号整数。

x 或 X：以十六进制形式输入无符号整数。

u：以十进制形式输入无符号整数。

f：以小数形式输入实数。

e 或 E：以指数形式输入实数。

c：输入单个字符。

s：输入字符串。

3. 使用 scanf 函数的注意事项

（1）scanf 函数中的格式控制字符串后面应是变量的地址，而不应是变量名。例如：

```
int a,b;
scanf("%d,%d",a,b);        //错误
scanf("%d,%d",&a,&b);      //正确
```

（2）在使用 scanf 函数输入数据时，对于实型变量，格式控制符必须为%f；对于双精度型变量，格式控制符必须为%lf，否则会得到错误的数据。例如：

```
float f;
double e;
scanf("%f",&f);            //正确
```

```
scanf("%lf",&f);          //错误
scanf("%lf",&e);          //正确
scanf("%f",&e);           //错误
```

此外，不允许指定精度。

例如：

```
float f;
scanf("%10.4f",&f);       //错误
```

（3）如果在输入数据时类型不匹配，那么 scanf 函数将停止处理输入的数据。

```
int x,y;
char ch;
scanf("%d%c%3d",&x,&ch,&y);
```

当输入 23␣a␣56✓时，会将 23 赋给变量 x，将空格作为字符赋给变量 ch，将'a'作为整数读入。

（4）如果在格式控制字符串中除了有格式字符还有其他字符，那么在输入数据时应输入与这些字符相同的字符。例如：

```
scanf("a=%d,b=%d",&a,&b);
```

此时，应输入 a=1,b=2✓。

3.3.3 字符型数据输出函数 putchar

putchar 函数是单个字符型数据输出函数，功能是在标准输出设备上输出单个字符。

1. 调用 putchar 函数的一般形式

调用 putchar 函数的一般形式如下：

```
putchar(字符变量);
```

【例 3.6】putchar 函数的使用示例。

程序代码如下：

```
#include <stdio.h>
#include <stdlib.h>
int main()
{
    char ch1='B';
    int i=66;
    putchar(ch1);          //输出变量 ch1 的值
    putchar('\n');         //回车换行
    putchar(i);            //输出'B', 'B'的 ASCII 码值是 66
    putchar('\n');
    putchar('B');          //输出'B'
    putchar('\n');
    system("pause");
    return 0;
}
```

运行结果如图 3.8 所示。

```
B
B
B
请按任意键继续. . . ■
```

图 3.8 【例 3.6】的运行结果

2. 使用 putchar 函数的注意事项

（1）使用 putchar 函数可以输出字符变量、字符常量及整型变量，即将一个整型变量作为 ASCII 码值，输出相应的字符，也可以输出转义字符。

（2）putchar 函数只能用于单个字符的输出，且一次只能输出一个字符。

3.3.4　字符型数据输入函数 getchar

getchar 函数是单个字符型数据输入函数，功能是通过键盘输入一个字符，并将其赋给相应的字符变量或整型变量。

1. 调用 getchar 函数的一般形式

调用 getchar 函数的一般形式如下：

```
getchar();
```

【例 3.7】getchar 函数的使用示例。

程序代码如下：

```
#include <stdio.h>
#include <stdlib.h>
int main()
{
    char ch;
    printf("请输入两个字符: ");
    ch=getchar();              //输入一个字符并将其赋给变量 ch
    putchar(ch);
    putchar('\n');
    putchar(getchar());        //输入一个字符并将其输出
    putchar('\n');
    system("pause");
    return 0;
}
```

运行结果如图 3.9 所示。

```
请输入两个字符: a
a

请按任意键继续. . .
```

图 3.9 【例 3.7】的运行结果

2．使用 getchar 函数的注意事项

（1）getchar 函数只能接收单个字符，即使输入的是数字也按字符处理。在输入的数据多于一个字符时，只接收第一个字符。

（2）在使用 getchar 函数输入字符后，只有按 Enter 键，程序才会响应输入，继续执行后面的语句。

（3）由于 getchar 函数将 Enter 键作为一个回车换行符读入，因此在连续输入两个字符时要注意回车换行。

3.4 顺序结构程序设计的精选示例

C 语言中有丰富的标准函数库，可以通过使用函数调用语句来解决很多现实问题，如数学领域的问题等。本节将通过一个精选示例来介绍如何使用库函数来解决数学问题。

【例 3.8】使用库函数解决数学问题示例。

程序代码如下：

```
#include <stdio.h>
#include <math.h>
#include <stdlib.h>
int main()
{
    float arc;
    float f,b,x;
    int i;
    printf("input arc: ");
    scanf("%f",&arc);
    f=sin(arc);
    printf("sin (%.2f)=%.2f.\n",arc,f);
    printf("input value x and b:");
    scanf("%.2f%.2f",&x,&b);
    f=log(x)/log(b);
    printf("log%.2f(%.2f)=%.2f \n",b,x,f);
    f=sqrt(x);
    printf("sqrt(%.2f) value is %.2f \n",x,f);
    i=floor(x);
    printf("floor(%.2f)=%d \n",x,i);
    system("pause");
    return 0;
}
```

运行结果如图 3.10 所示。

```
input arc: 30
sin (30.00)=-0.99.
input  value  x  and  b:21.15 35.25
log35.25(21.15)=0.856609
sqrt(21.15)  value is  4.60
floor(21.15)=21
请按任意键继续. . .
```

图 3.10 【例 3.8】的运行结果

其中，sin(arc)中的参数 arc 表示弧度，这个函数用于返回角度的正弦值。log(x)函数用于返回以 e 为底的对数，sqrt(x)函数用于求 x 的平方根，如果 x 为负数，那么会出错。语句 i=floor(x);用于求解不大于 x 的最大整数。

在 C 语言程序中使用 math.h 文件的函数时，要进行预处理声明，即在程序的开头使用语句#include <math.h>，否则编译系统无法识别 tan 函数、log 函数等，会出现错误提示信息。在使用数学函数时，要注意函数参数的定义域。本示例中只列举了 math.h 文件的部分函数。

本章小结

本章从一个有关温度转换问题的示例入手，介绍了顺序结构程序设计的基本结构。通过学习本章，读者对 C 语言的语法结构可以有一个初步的认识。本章重点介绍了 C 语言的基本语句与输入/输出函数，在学习本章时，读者要重点领会几种不同语句类型的差别及使用方法。此外，在使用输入/输出函数时，读者要注意根据需求选择合适的格式控制符。

课后习题

一、选择题

1. 在 printf 函数中使用到的%5s，其中，5 表示输出的字符串占 5 位，如果字符串的长度大于 5，那么（　　）。
   A．从左起输出该字符串，在右侧补空格
   B．按原字符串长度将字符从左向右全部输出
   C．右对齐输出该字符串，在左侧补空格
   D．输出错误信息

2. 假设已有定义 int a=-2;和输出语句 printf("%8x",a);，以下叙述正确的是（　　）。
   A．整型变量的输出形式只有%d 一种
   B．%x 是格式控制符的一种，适用于任何一种类型的数据
   C．%x 是格式控制符的一种，变量的值按十六进制形式输出，但%8x 是错误的格式控制符
   D．%8x 不是错误的格式控制符，其中的 8 表示输出数据的宽度

3．若将变量 x 和 y 均定义为整型，将变量 z 定义为双精度型，则以下不合规的 scanf
函数调用语句是（　　）。

    A．scanf("%d %x %le",&x,&y,&z);

    B．scanf("%2d *%d%lf",&x,&y,&z);

    C．scanf("%x %*d %o",&x,&y);

    D．scanf("%x %o%7.2f",&x,&y,&z);

4．以下说法正确的是（　　）。

    A．输入项可以为一个实数，如 scanf("%f",3.5);

    B．只有格式控制字符串没有输入项，也能进行正确的输入，如 scanf("a=%d,b=%d");

    C．当输入一个实数时，格式控制部分应指定小数点后的位数，如 scanf("%4.2f",&f);

    D．当输入数据时，必须指明变量的地址，如 scanf("%f",&f);

5．以下程序的运行结果是（　　）。

```
#include <stdio.h>
int main()
{
    int k=17;
    printf("%d,%o,%x\n",k,k,k);
    return 0;
}
```

    A．17,021,0x11　　　　　　　　B．17,17,17

    C．17,0x11,021　　　　　　　　D．17,21,11

6．以下程序的运行结果是（　　）。

```
#include <stdio.h>
int main()
{
int a=2,c=5;
printf("a=%d,b=%d\n",a,c);
return 0;
}
```

    A．a=%2,b=%5　　　　　　　　B．a=2,b=5

    C．a=d,b=d　　　　　　　　　　D．a=2,c=5

7．有以下程序，若要求 a1、a2、c1、c2 的值分别为 10、20、'A'、'B'，则正确的输入
数据的形式是（　　）。

```
#include <stdio.h>
int main()
{
int a1,a2;
char c1,c2;
scanf("%d%d",&a1,&a2);
scanf("%c%c",&c1,&c2);
```

```
return 0;
}
```

   A. 1020AB↙

   B. 10 20↙ AB↙

   C. 10 20 ABC↙

   D. 10 20AB↙

8. 以下程序的运行结果是（　　　）。

```
#include <stdio.h>
int main()
{
long y=-43456;
printf("y=%-8ld\n",y);
printf("y=%-08ld\n",y);
printf("y=%08ld\n",y);
printf("y=%+8ld\n",y);
return 0;
}
```

   A.

y=-43456

y=-43456

y=-0043456

y=-43456

   B.

y=-43456

y=-43456

y=-0043456

y=+43456

   C.

y=-43456

y=-43456

y=-0043456

y=-43456

   D.

y=-43456

y=-0043456

y=00043456

y=+43456

9. 以下程序的运行结果是（　　　）。

```
#include <stdio.h>
int main()
{
long y=23456;
printf("y=%3x\n",y);
printf("y=%8x\n",y);
printf("y=%#8x\n",y);
return 0;
}
```

   A.

y = 5ba0

y = 5ba0

y = 0x5ba0

   B.

y = 5ab0

y = 5ab0

y = 0x5ab0

C.

y = 50ba

y = 50ba

y = 0x50ba

D.

y = 5ba0

y = 5ba0

y = ####5ba0

10. 有以下程序，若输入数据的形式为 25,13,10↙，则程序的运行结果为（　　　　）。

```c
#include <stdio.h>
int main()
{
int x,y,z;
scanf("%d%d%d",&x,&y,&z);
printf("x+y+z=%d\n",x+y+z);
return 0;
}
```

A. x+y+z=48

C. x+z=35

B. x+y+z=35

D. 不确定值

二、填空题

1. 对于 printf 函数中的格式字符，只能输出一个字符的是_____；用于输出一个字符串的是_____；用于以小数形式输出十进制实数的是_____；用于以指数形式输出十进制实数的是_____。

2. 已知变量 a 和 b 的数据类型为整型，请补全以下语句，不借助任何变量把变量 a 和 b 中的值交换。

```c
a+=____;b=a-____;a-=____;
```

3. 若有语句 scanf("%d",k);，则不能使用单精度型变量 k 得到正确数值的原因是_____和_____。scanf 语句的正确形式是_____。

4. 若有定义 int a;float b,x;char c1,c2;，则使 a=3，b=7.5，x=12.6，c1='a'，c2='A'正确的输入函数调用语句是_____，输入数据的形式是_____。

5. 若有以下语句，则使变量 c1 得到字符'A'，使变量 c2 得到字符'B'正确的输入数据的形式是_____。

```c
char c1,c2;
scanf("%4c%4c",&c1,&c2);
```

三、程序填空题

1. 以下程序的功能是输入任意一个三位数，将其各位数字反序输出，如输入 123，输出 321。请在_____内填入正确的内容。

```c
#include <stdio.h>
int main()
{
```

```
int  x,a,b,c;
printf("请输入一个三位数: ");
scanf("%d",&x);
a=x/100;
_____;
_____;
printf("反序为: %d%d%d",c,b,a);
return 0;
}
```

2. 以下程序的功能是先使用 getchar 函数在变量 c1 和 c2 中各读入一个字符，然后分别使用 putchar 和 printf 函数输出这两个字符。请在_____内填入正确的内容。

```
#include <stdio.h>
int main()
{
char c1,c2;
printf("请在变量 c1 和 c2 中各读入一个字符: \n");
_____;
_____;
printf("使用 putchar 函数的输出结果为: \n");
_____;
_____;
printf("\n 使用 printf 函数的输出结果为: \n");
_____;
return 0;
}
```

四、程序阅读题

1. 以下程序的运行结果是（   ）。

```
#include <stdio.h>
int main()
{
int i=010,j=10;
printf("%d,%d\n",++i,j--);
return 0;
}
```

2. 已知 A 的 ASCII 码值是 65，以下程序的运行结果是（   ）。

```
#include <stdio.h>
int main()
{
char c1='A',c2='Y';
printf("%d,%d\n",c1,c2);
return 0;
}
```

3. 以下程序的运行结果是（　　　）。

```c
#include <stdio.h>
int main()
{
char c='A'+10;
printf("c=%c\n",c);
return 0;
}
```

4. 以下程序的运行结果是（　　　）。

```c
#include <stdio.h>
int main()
{
int x=10;float pi=3.1416;
printf("%d\n",x);
printf("%6d\n",x);
printf("%f\n",57.1);
printf("%14f\n",pi);
printf("%e\n",568.1);
printf("%14e\n",pi);
printf("%g\n",pi);
printf("%12g\n",pi);
return 0;
}
```

5. 以下程序的运行结果是（　　　）。

```c
#include <stdio.h>
int main()
{
float a=123.456;
double b=8767.4567;
printf("%f\n",a);
printf("%14.3f\n",a);
printf("%7.4f\n",b);
printf("%1f\n",b);
printf("%14.3f\n",b);
printf("%8.4f\n",b);
printf("%.4f\n",b);
return 0;
}
```

6. 以下程序的运行结果是（　　　）。

```c
#include <stdio.h>
int main()
{
int x =7281;
printf("x=%3d,x=%6d,x=%6o,x=%6x,x=%6u\n",x,x,x,x,x);
```

```
printf("x=%-3d,x=%-6d,x=%$-06d,x=%$06d,x=%%06d\n",x,x,x,x,x);
printf("x=%+3d,x=%+6d,x=%+08d\n",x,x);
printf("x=%o,x=%#o\n",x,x);
printf("x=%x,x=%#x\n",x,x);
return 0;
}
```

7. 以下程序的运行结果是（   ）。

```
#include <stdio.h>
int main()85
{
int sum,pad;
sum=pad=5;
pad=sum++;
pad++;
++pad;
printf("%d\n",pad);
return 0;
}
```

五、编程题

1. 输入一个非负数，计算以这个非负数为半径的圆的周长和面积。

2. 输入一个大写字母，输出其对应的小写字母。

3. 输入三角形的边长，求三角形的面积（海伦公式）。

4. 编写摄氏温度、华氏温度转换程序。输入一个摄氏温度 C，并输出其对应的华氏温度 F（保留两位小数）。转换公式：$F=9/5C+32$。

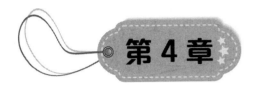

选择结构程序设计

选择结构是 C 语言的 3 种基本程序结构中的一种，功能是根据是否满足指定条件，自动判断并执行所给的两组选择操作中的一组。设计选择结构程序，要考虑两个方面的问题：一是在 C 语言中如何表示条件，二是要在 C 语言中实现选择结构应使用什么语句。在 C 语言中，要表示条件一般使用关系表达式或逻辑表达式，要实现选择结构一般使用 if 语句或 switch 语句。

本章主要介绍如何使用这两种语句来实现选择结构程序设计。

4.1 选择结构程序设计举例

本节将以一个猜数字小游戏为例，介绍选择结构程序设计的基本方法，并给出具体实现步骤。

【例 4.1】两个小朋友玩一个简单的猜数字小游戏，其中一个小朋友选择一个秘密数字，另一个小朋友尝试猜测这个数字，看能否猜测正确。请编写程序，实现这个小游戏。

1. 问题分析

首先需要确定的是，秘密数字通常在一定范围内，如 1～100。其次游戏程序的复杂程度是可以由程序员来确定的。例如，由其中一个小朋友手动输入一个数字，由另一个小朋友在没有看到这个数字的情况下进行猜测，若猜测正确则显示"猜对了"，否则显示"猜错了"。当然，这种方式需要两个小朋友都参与。那么，如果只有一个小朋友参与又怎么做呢？可以考虑让计算机来参与，如通过计算机生成一个数字，由用户进行猜测。若每轮游戏用户只能猜测一次，猜测正确的难度过大。如果想多次猜测又怎么做呢？综合考虑，本节以后一种思路为例，介绍后续的几个步骤。

2. 算法设计

明确了问题的计算部分后，下面设计具体的实现算法。

（1）确定输出项。

输出项有两种可能，即"猜对了""猜错了"。

（2）确定输入项。

输入项是计算机生成的数字，或用户手动输入的数字。计算机生成的数字可以理解为由程序随机生成的数字。

（3）列出输入项与输出项的关系。

如果用户输入的数字等于程序随机生成的数字，那么输出"猜对了"，否则输出"猜错了"。这种"如果……那么……"的结构其实就是程序设计中典型的选择结构。

3. 编写程序

本示例涉及一个小问题，即如何通过程序生成一个随机数。可以使用标准库中的 rand 函数。它的头文件是 stdlib.h。如果直接使用 rand 函数编写程序，那么会发现每次生成的随机数都是一样的，这样的游戏玩一次后就没有意思了。因此，需要调整代码，使生成的随机数每次都不一样，这就需要使用 srand 函数和 time 函数。srand 函数的功能是初始化随机数生成器。srand 函数和 rand 函数配合使用会产生伪随机数序列。time 函数的功能是获取当前的系统时间，它的头文件是 time.h。

联合运用 time 函数、srand 函数、rand 函数即可生成随机数。

程序代码如下：

```c
#include <stdio.h>
#include <stdlib.h>
#include <time.h>
int main()
{
    int num;
    srand(time(NULL));   //设置系统时间为随机种子
    num= rand();
    printf("%d\n", num);
    system("pause");
    return 0;
}
```

解决了生成随机数的问题后，下面可以通过 C 语言编写完整的程序代码。

完整的程序代码如下：

```c
#include <stdio.h>
#include <stdlib.h>
#include <time.h>
int main()
{
    int num,num_guess;
    srand(time(NULL));       //设置系统时间为随机种子
    num= rand()%101;         //将随机数控制在 0~100 范围内
    printf("请输入一个数字: ");
    scanf("%d",&num_guess);
```

```
if(num_guess==num)
{
    printf("猜对了! \n");
}else
{
    printf("猜错了! \n");
}
system("pause");
return 0;
}
```

4. 运行程序

输入上述程序代码并编译，确认没有错误之后运行程序。下面是运行结果。

运行结果如图 4.1 所示。

请输入一个数字：32
猜错了!
请按任意键继续. . .

图 4.1 【例 4.1】的运行结果

由于程序没有任何语法错误，运行结果完全符合预期，因此不需要额外进行程序的调试。

4.2 简单选择结构

if 语句用来判定是否满足所给出的分支，根据判定的结果（真或假）决定执行给出的两个分支中的哪一个。if 语句有 3 种形式：单分支 if 语句、双分支 if 语句、多分支 if 语句。

4.2.1 单分支 if 语句

单分支 if 语句的一般形式如下：

```
if(表达式) 语句
```

如果表达式的值为真，那么执行其后面的语句，否则不执行该语句。其执行过程如图 4.2 所示。

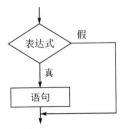

图 4.2 单分支 if 语句的执行过程

【例 4.2】输入一个数，如果该数大于或等于 0，那么输出它的平方根；如果该数小于 0，那么不进行任何处理。

程序代码如下：

```
#include <stdio.h>
#include <math.h>
#include <stdlib.h>
int main()
{
    double x;
    printf("请输入一个数: ");
    scanf("%lf",&x);
    if(x>=0)
        printf("%10.6lf\n",sqrt(x));
    system("pause");
    return 0;
}
```

运行结果如图 4.3 所示。

```
请输入一个数: 26
  5.099020
请按任意键继续. . .
```

图 4.3 【例 4.2】的运行结果

4.2.2 双分支 if 语句

双分支 if 语句的一般形式如下：

```
if(表达式)
    语句 1
else
    语句 2
```

如果表达式的值为真，那么执行语句 1，否则执行语句 2。其执行过程如图 4.4 所示。

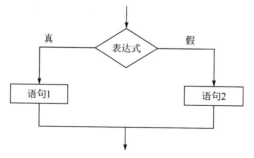

图 4.4 双分支 if 语句的执行过程

【例 4.3】基于【例 4.2】，如果该数大于或等于 0，那么输出它的平方根；如果该数小于

0，那么输出数据出错信息"数据错误！"。

　　程序代码如下：

```
#include <stdio.h>
#include <stdlib.h>
#include <math.h>
int main()
{
    double x;
    printf("请输入一个数: ");
    scanf("%lf",&x);
    if(x>=0)
        printf("%10.6lf\n",sqrt(x));
    else
        printf("数据错误!\n");
    system("pause");
    return 0;
}
```

　　如果输入大于或等于 0 的数字，那么运行结果与【例 4.2】的运行结果一致；如果输入小于 0 的数字，那么运行结果如图 4.5 所示。

```
请输入一个数: -1
数据错误!
请按任意键继续. . .
```

图 4.5　【例 4.3】的运行结果

4.3　多分支选择结构

4.3.1　多分支 if 语句

　　在有多个分支可供选择时，可以采用多分支 if 语句。多分支 if 语句的一般形式如下：

```
if(表达式 1)
    语句 1
else if(表达式 2)
    语句 2
else if(表达式 3)
    语句 3
…
else if(表达式 m)
    语句 m
else
    语句 n
```

　　首先，判断表达式 1 的值，如果表达式 1 的值为真，那么执行语句 1，并跳到整个 if 语句之外继续执行程序；如果表达式 1 的值为假，那么继续判断表达式 2 的值，以此类推。

若所有表达式的值都为假，那么先执行语句 n，再继续执行后面的程序。其执行过程如图 4.6
所示。

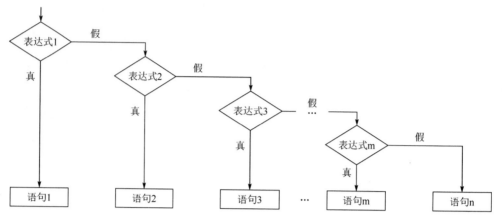

图 4.6 多分支 if 语句的执行过程

【例 4.4】通过键盘输入一个百分制成绩，输出相应的等级。要求，90 分及以上为 A，
80～89 分为 B，60～79 分为 C，60 分以下为 D。

程序代码如下：

```c
#include <stdio.h>
#include <stdlib.h>
int main()
{
    int score;
    printf("请输入一个成绩: ");
    scanf("%d",&score);
    if(score>=90)
        printf("A");
    else if(score>=80)
        printf("B");
    else if(score>=60)
        printf("C");
    else
        printf("D");
    printf("\n");
    system("pause");
    return 0;
}
```

运行结果如图 4.7 所示。

```
请输入一个成绩：85
B
请按任意键继续. . .
```

图 4.7 【例 4.4】的运行结果

这是一个多分支选择问题，先定义一个变量来存放成绩，再判断成绩是否大于或等于 90 分，若大于或等于 90 分，则输出 A；否则判断成绩是否大于或等于 80 分，若大于或等于 80 分，则输出 B；否则判断成绩是否大于或等于 60 分，若大于或等于 60 分，则输出 C；否则输出 D。

在使用 if 语句时应注意以下问题。

（1）在 if 语句的 3 种形式中，关键字 if 之后均为表达式。该表达式通常是逻辑表达式或关系表达式。当然，也可以是其他表达式，如赋值表达式等，甚至可以是一个变量。

例如：

```
if(a=5)
if(b)
```

这两种形式都是允许的。

在 if(a=5)中，因为表达式的值永远非 0，所以其后面的语句总是要执行的，这种情况虽然在程序中不一定出现，但是在语法上是合规的。

例如：

```
if(a=b)
    printf("%d",a);
else
    printf("a=0");
```

本程序的功能是把变量 b 的值赋给变量 a，如果非 0，那么输出变量 a 的值，否则输出字符串"a=0"。

（2）在 if 语句中，条件判断表达式必须用小括号括起来，在语句之后必须添加分号。

（3）在 if 语句的 3 种形式中，所有语句都应为单条语句，要想在满足条件时执行一组（多条）语句，那么必须把这一组语句使用大括号括起来，组成一个复合语句。需要注意的是，在 "}" 之后不能添加分号。

例如：

```
if(a>b)
{
    a++;
    b++;
}
else
{
    a=0;
    b=10;
}
```

4.3.2　if 语句的嵌套

当 "if(表达式)" 或 else 后面的语句本身是一个 if 语句时，就形成了 if 语句的嵌套。

if 语句的嵌套的一般形式如下：

```
if(表达式)
    if(表达式 1)
        语句 1-1
    else
        语句 1-2
else
    if(表达式 2)
        语句 2-1
    else
        语句 2-2
```

【例 4.5】关于百分制成绩的转换示例。

程序代码如下：

```
if(score>=80)
    if(score>=90)
        printf("A");
    else
        printf("B");
else
    if(score>=60)
        printf("C");
    else
        printf("D");
```

执行过程如图 4.8 所示。

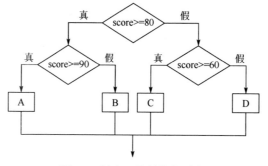

图 4.8 【例 4.5】的执行过程

在使用 if 语句的嵌套时，应注意以下几点。

（1）嵌套的 if 语句可以是前面介绍的 if 语句的 3 种形式中的任意一种。

（2）if 语句的嵌套可以为两层，也可以为更多层，这时要特别注意 if 与 else 配对的规则。例如：

```
if(表达式 1)
if(表达式 2)
    语句 1;
```

```
else
    语句 2;
```

其中的 else 究竟与哪个 if 配对呢？

是应该理解为：

```
if(表达式 1)
    if(表达式 2)
        语句 1;
    else
        语句 2;
```

还是应该理解为：

```
if(表达式 1)
    if(表达式 2)
        语句 1;
else
    语句 2;
```

为了避免这种二义性，C 语言规定，else 总是与它前面最近的 if 配对。因此，上述示例应该按第一种情况理解。

思考：如果按第二种情况理解，那么程序代码应该如何修改呢？

4.3.3　switch 语句

当程序需要处理多分支选择结构时，应使用 if 语句的嵌套。分支越多，嵌套的层数就越多，程序就越复杂，可读性就越低。switch 语句是另一种多分支选择语句。由于 switch 语句可以根据一个表达式的多个值选择多个分支，因此 switch 语句又被称为分情况语句和开关语句。

其一般形式如下：

```
switch(表达式)
{
    case 常量表达式 1:语句组;[break;]
    case 常量表达式 2:语句组;[break;]
    …
    case 常量表达式 n:语句组;[break;]
    [default:语句组;[break;]]
}
```

其中，表达式的值的数据类型可以是整型，也可以是字符型；常量表达式必须是常量，不能是变量，仅代表入口地址，表示当表达式的值等于常量表达式的值时执行其后面的语句组。

先求出 switch 后面的表达式的值。当其值与某个 case 后面的常量表达式的值相同时，执行常量表达式后面的语句组；或当该语句组后面没有 break 语句时，继续执行其后面的语句组，直到遇到 break 语句时，跳出 switch 语句，转向执行 switch 语句的下一条语句。

如果 case 后面的常量表达式的值没有任何一个与表达式的值相同，那么执行 default 后面的语句组。若 default 在最后，则跳出 switch 语句。若 default 在中间，则直到遇到 break 语句时，跳出 switch 语句。

【例 4.6】基于【例 4.5】，使用 switch 语句实现百分制成绩的转换示例。

程序代码如下：

```c
#include <stdio.h>
#include <stdlib.h>
int main()
{
    int score,grade;
    printf("请输入一个成绩(0~100): ");
    scanf("%d",&score);
    grade=score/10;    /*将成绩整除 10，转化成 switch 语句中的 case 后面的常量表达式*/
    switch(grade)
    {
        case 10:
        case 9: printf("A \n"); break;
        case 8: printf("B \n"); break;
        case 7:
        case 6: printf("C \n"); break;
        default: printf("D \n");
    }
    system("pause");
    return 0;
}
```

运行结果如图 4.9 所示。

```
请输入一个成绩(0~100): 75
C
请按任意键继续. . .
```

图 4.9 【例 4.6】的运行结果

在使用 switch 语句时应注意以下几点。

（1）表达式的值的数据类型可以是整型，也可以是字符型。

（2）default 可以被省略，也可以被放在任何位置。一般建议将 default 放在最后。若将 default 放在中间，则执行完 default 后面的语句组后，不一定跳出 switch 语句，只有遇到 break 语句时，才跳出 switch 语句。

（3）每个 case 后面的常量表达式的值都必须各不相同，否则会出现相互矛盾的问题，即对表达式的同一个值有两种或两种以上的执行方案。

（4）case 后面的常量表达式仅起语句标号的作用，并不进行条件判断。系统一旦找到入口标号，就从此标号开始执行，不再进行标号判断，直到遇到 break 语句，就跳出 switch 语句。

（5）各 case 语句的先后次序不影响程序的运行结果。

（6）多个 case 语句可共用同一组语句。

（7）多分支 if 语句和 switch 语句都可以用来实现多条分支。多分支 if 语句用来实现两条、三条分支比较方便。在出现三条以上分支时，使用 switch 语句比较方便。然而，有些问题只能使用多分支 if 语句来实现，如判断一个值是否处于某个区间。

4.4 选择结构程序设计的精选示例

【例 4.7】输入整数 a 与 b，若 $a^2+b^2>100$，则输出 a^2+b^2 的结果中百位及以上的数字，否则输出整数 a 与 b 的和。

程序代码如下：

```c
#include <stdio.h>
#include <stdlib.h>
int main()
{
    int a,b,x,y;
    printf("请输入两个整数: ");
    scanf("%d%d",&a,&b);
    x=a*a+b*b;
    if(x>100)
    {
        y=x/100;
        printf("百位及以上的数字为%d\n",y);
    }
    else
        printf("两数的和为%d\n",a+b);
    system("pause");
    return 0;
}
```

判断条件为假时的运行结果如图 4.10 所示。

```
请输入两个整数：5 7
两数的和为12
请按任意键继续. . .
```

图 4.10　判断条件为假时的运行结果

判断条件为真时的运行结果如图 4.11 所示。

```
请输入两个整数: 20 50
百位及以上的数字为29
请按任意键继续. . .
```

图 4.11　判断条件为真时的运行结果

执行过程如图 4.12 所示。

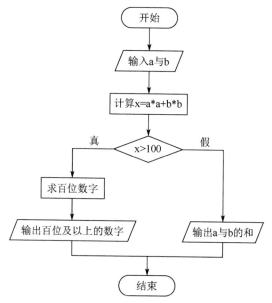

图 4.12　【例 4.7】的执行过程

【例 4.8】判断输入的整数是否既是 5 的倍数又是 7 的倍数。若是则输出 yes，否则输出 no。

程序代码如下：

```c
#include <stdio.h>
#include <stdlib.h>
int main()
{
    int x;
    printf("请输入一个整数: ");
    scanf("%d",&x);
    if(x%5==0 && x%7==0)
        printf("yes\n");
    else
        printf("no\n");
    system("pause");
    return 0;
}
```

判断条件为真时的运行结果如图 4.13 所示。

```
请输入一个整数：35
yes
请按任意键继续. . .
```

图 4.13　判断条件为真时的运行结果

判断条件为假时的运行结果如图 4.14 所示。

```
请输入一个整数：25
no
请按任意键继续. . .
```

图 4.14　判断条件为假时的运行结果

【例 4.9】根据以下分段函数，基于输入的每个 x，计算出相应的 y。

$$y = \begin{cases} 0 & (x \leq 0) \\ x & (0 < x \leq 10) \\ 10 & (10 < x \leq 20) \\ -0.5x + 20 & (20 < x \leq 40) \\ -1 & (x > 40) \end{cases}$$

程序代码如下：

```c
#include <stdio.h>
#include <stdlib.h>
int main()
{
    double x,y;
    printf("请输入一个数: ");
    scanf("%lf",&x);
    if(x<=0)
        y=0;
    else if(x<=10)
        y=x;
    else if(x<=20)
        y=10;
    else if(x<=40)
        y=-0.5*x+20;
    else
        y=-1;
    printf("%g\n",y);
```

```
    system("pause")
    return 0;
}
```

运行结果如图 4.15 所示。

```
请输入一个数：30
5
请按任意键继续...
```

图 4.15 【例 4.9】的运行结果

本程序中的分支共分 5 种情况，可以采用多分支 if 语句、if 语句的嵌套或 switch 语句实现，这里采用多分支 if 语句实现。

思考：若使用 switch 语句，则程序代码该如何编写呢？

【例 4.10】输入年份和月份，输出该月的天数。

程序代码如下：

```
#include <stdio.h>
#include <stdlib.h>
int main()
{
    int year,month,day;
    printf("请输入年份和月份: ");
    scanf("%d%d",&year,&month);
    switch(month)
    {
        case 1:
        case 3:
        case 5:
        case 7:
        case 8:
        case 10:
        case 12:day=31;            /*每月 31 天*/
            break;
        case 2:
            if((year%4==0)&&(year%100!=0)||(year%400==0))
                day = 29;
            else
                day = 28;
            break;
        case 4:
        case 6:
        case 9:
        case 11:day=30;      /*每月 30 天*/
                break;
```

```
    }
    printf("%d 年%d 月的天数为: %d",year,month,day);
    system("pause");
    return 0;
}
```

运行结果如图 4.16 所示。

```
请输入年份和月份：2023 12
2023 年12 月的天数为：31
请按任意键继续. . .
```

图 4.16 【例 4.10】的运行结果

对于 1、3、5、7、8、10、12 月，每月为 31 天；对于 4、6、9、11 月，每月为 30 天；对于 2 月，需要判断输入的年份是闰年还是平年，若是闰年则为 29 天，否则为 28 天。判断闰年的方法是年份能被 400 整除，或年份能被 4 整除但不能被 100 整除。

4.5 选择结构程序设计的综合示例

本节将通过一个综合示例来介绍如何使用选择结构实现一个包含登录界面的计算器。

【例 4.11】使用选择结构实现一个包含登录界面的计算器示例。

程序代码如下：

```
#include<stdio.h>
#include<stdlib.h>
#include<math.h>
int main()
{
    char name,ch;
    int pwd,s,num1,num2;
    float delta,x1,x2,p,area;
    printf("\t\t\t\t 登录界面\n");
    printf("\t\t\t 请输入用户名: ");
    scanf("%c",&name);
    printf("\t\t\t 请输入密码: ");
    scanf("%d",&pwd);
    if(name=='x'&&pwd==123)
    {
        system("cls");    //清理屏幕
        printf("\t\t\t 计算器\n");
        printf("\t\t 请输入要求的表达式(如 2+3):");
        scanf("%d%c%d",&num1,&ch,&num2);
```

```
        switch(ch)
        {
        case '+':s=num1+num2;break;
        case '-':s=num1-num2;break;
        case '*':s=num1*num2;break;
        case '/':s=num1/num2;break;
        case '%':s=num1%num2;break;
        default:printf("输入的符号错误，请重新输入!\n");
        }
        printf("\t\t表达式结果为:%d%c%d=%d\n",num1,ch,num2,s);
        system("pause");
    }
    else
    {
        printf("账号或者密码错误，请重新输入! \n");
    }
    system("pause");
    return 0;
}
```

运行结果如图 4.17 和图 4.18 所示。

```
                        登录界面
        请输入用户名：x
        请输入密码：123
```

图 4.17 【例 4.11】的运行结果 1

```
                    计算器
        请输入要求的表达式(如2+3)：3*3
        表达式结果为：3*3=9
请按任意键继续...
```

图 4.18 【例 4.11】的运行结果 2

本章小结

在 C 语言中，要实现选择结构可以使用两种语句，即 if 语句及 switch 语句。if 语句有 3 种形式，即单分支 if 语句、双分支 if 语句、多分支 if 语句。当使用 if 语句的嵌套时，else 总是与它前面最近的 if 配对。switch 语句是另一种多分支选择语句，可以根据一个表达式的多个值选择多个分支。使用 switch 语句可以使程序结构清楚，可读性强。

多分支 if 语句和 switch 语句都可以用来实现多条分支，多分支 if 语句用来实现两条、三条分支比较方便。在出现三条以上分支时，使用 switch 语句比较方便。然而，有些问题只能使用多分支 if 语句来实现，如判断一个值是否处于某个区间。

在使用 switch 语句时，应注意 case 后面的常量表达式的数据类型为整型或字符型。

课后习题

一、选择题

1. 逻辑运算符两侧运算对象的数据（　　）。
    A．只能是 0 或 1
    B．只能是 0 或非 0 的正数
    C．只能是整数或字符型数据
    D．可以是任何类型的数据

2. 若有定义 int x,a,b,c;，则下列语句中合规的是（　　）。
    A．if(a=b) x++;
    B．if(a=<b) x++;
    C．if(a<>b) x++;
    D．if(a=>b) x++;

3. 以下能正确表示"当 x 的取值范围为[1,10]或[200,210]时结果为真，否则为假"的表达式是（　　）。
    A．(x>=1) && (x<=10) && (x>=200) && (x<=210)
    B．(x>=1) || (x<=10) || (x>=200) || (x<=210)
    C．(x>=1) && (x<=l0) || (x>=200) && (x<=210)
    D．(x>=1) || (x<=10) && (x>=200) || (x<=210)

4. 以下能正确判断字符变量 ch 是否为大写字母的表达式是（　　）。
    A．'A'<=ch<='Z'
    B．(ch>='A') & (ch<='Z')
    C．(ch>='A') && (ch<='Z')
    D．('A'<=ch) AND ('Z'>=ch)

5. 为了避免在双分支 if 语句中出现二义性，C 语言规定 else 语句总是与（　　）配对。
    A．缩进位置相同的 if
    B．它之前最近的 if
    C．同层之后最近的 if
    D．同一行中的 if

6. 在下列运算符中不属于关系运算符的是（　　）。
    A．<
    B．>=
    C．==
    D．!

7. 当 a 的值为奇数时，表达式的值为真；当 a 的值为偶数时，表达式的值为假。以下不能满足上述要求的表达式是（　　）。
    A．a%2==1
    B．!(a%2==0)
    C．!(a%2)
    D．a%2

8. 如果通过键盘分别输入 6 和 4，那么两次运行以下程序的结果是（　　）。

```
int main()
{
    int x;
    scanf("%d",&x);
    if(x++>5)
        printf("%d",x);
    else
        printf("%d\n",x--);
    system("pause");
```

```
        return 0;
    }
```

A．7 和 5   B．6 和 3   C．7 和 4   D．6 和 4

9．若有定义 int x=10,y=20,z=30;，则运行以下程序后 x、y 和 z 的值分别是（   ）。

```
if(x>y)
    z=x; x=y; y=z;
```

A．x=10，y=20，z=30   B．x=20，y=30，z=30

C．x=20，y=30，z=10   D．x=20，y=30，z=20

10．若给变量 x 赋值 12，则以下程序的运行结果是（   ）。

```
int main()
{
    int x,y;
    scanf("%d",&x);
    y=x>12?x+10:x-12;
    printf("%d\n",y);
    system("pause");
    return 0;
}
```

A．0   B．22   C．12   D．10

二、程序填空题

1．以下程序的功能是输入两个整数，并将这两个整数按从大到小的顺序输出。请在_____内填入正确的内容。

```
int main()
{
    int x,y,z;
    scanf("%d,%d",&x,&y);
    if(_____)
    {
        z=x;
        _____;
        _____;
    }
    printf("%d,%d",x,y);
    return 0;
}
```

2．以下程序的功能是输入一个小写字母，并将这个小写字母循环后先移动 5 个位置再输出，如将'a'变成'f'，将'w'变成'b'。请在_____内填入正确的内容。

```
int main()
{
    char c;
    c=getchar();
```

```
if(c>='a'&&c<='u')
    _____;
else if(c>='v'&&c<='z')
    _____;
putchar(c);
return 0;
}
```

3. 以下程序的功能是输入圆的半径 r 和运算标志 m，按运算标志进行指定运算。其中，a 表示面积，c 表示周长，b 表示面积和周长。请在_____内填入正确的内容。

```
#include <stdio.h>
#define PI 3.14159
void main()
{
    char m;
    float r,c,a;
    printf("input mark a c or b && r\n");
    scanf("%c%f",&m,&r);
    if(_____)
    {   a=PI*r*r; printf("area is %f",a);   }
    if(_____)
    {   c=2*PI*r; printf("circle is %f",c);       }
    if(_____)
    {   a=PI*r*r;c=2*PI*r; printf("area && circle are %f %f",a,c); }
    return 0;
}
```

4. 以下程序的功能是计算一元二次方程 $ax^2+bx+c=0$ 的根。请在_____内填入正确的内容。

```
int main()
{
    double a,b,c,t,disc,twoa,term1,term2;
    printf("enter a,b,c:");
    scanf("%lf%lf%lf",&a,&b,&c);
    if(_____)
        if(_____)
            printf("input error\n");
        else
            printf("the single root is %lf\n",-c/b);
    else
    {
        disc=b*b-4*a*c;
        twoa=2*a;
        term1=-b/twoa;
        t=fabs(disc);
        term2=sqrt(t)/twoa;
```

```
        if(_____)
            printf("complex root\n");
            printf("real part=%lf imag part=%lf\n",term1,term2);
        else
            printf("real roots\n");
            printf("root1=%lf root2=%lf\n",term1+term2,term1-term2);
    }
    return 0;
}
```

5. 以下程序的功能是根据输入的三角形的 3 条边的长度判断这 3 条边能否组成三角形，若能，则输出三角形的面积和类型。请在_____内填入正确的内容。

```
int main()
{
    float a,b,c,s,area;
    scanf("%f%f%f",&a,&b,&c);
    if(_____)
    {
        s=(a+b+c)/2;
        area=sqrt(s*(s-a)*(s-b)*(s-c));
        printf("%f\n",area);
        if(_____)
            printf("等边三角形\n");
        else if(_____)
            printf("等腰三角形\n");
        else if(a*a+b*b==c*c || a*a+c*c==b*b || b*b+c*c==a*a)
            printf("直角三角形\n");
        else
            printf("一般三角形\n");
    }
    else
        printf("不能组成三角形\n");
    return 0;
}
```

6. 服装店出售成套服装，也出售单件服装。若购买的服装不少于 50 套，则每套 80 元；若购买的服装少于 50 套，则每套 90 元；若只购买上衣，则每件 60 元；若只购买裤子，则每条 45 元。以下程序的功能是输入所购买上衣 c 和裤子 t 的件数，并计算应付款 m。请在_____内填入正确的内容。

```
int main()
{
    int c,t,m;
    printf("input the number of coat and trousers your want buy:");
    scanf("%d%d",&c,&t);
    if(c==t)
        if(c>=50)
```

```
                    _____;
        else
                    _____;
    else if(c>t)

        if(t>=50)
                    _____;
        else
                    _____;
    else
        if(_____)
            m=c*80+(t-c)*45;
        else
                    _____;
    printf("%d",m);
    return 0;
}
```

三、程序阅读题

1. 以下程序的运行结果是（　　　）。

```
int main()
{
    int x=2,y=-1,z=2;
    if(x<y)
        if(y<0) z=0;
        else z+=1;
    printf("%d\n",z);
    return 0;
}
```

2. 以下程序的运行结果是（　　　）。

```
int main()
{
    int a,b,c,d,x;
    a=c=0;
    b=1;
    d=20;
    if(a) d=d-10;
    if(!c)
        x=15;
    else
        x=25;
    printf("d=%d\n",d);
    return 0;
}
```

3. 以下程序的运行结果是（　　　）。

```c
int main()
{
    int x=1,y=0;
    switch(x)
    {
        case 1:
            switch(y)
            {
            case 0:printf("first\n"); break; case 1:printf("second\n"); break;
            }
            case 2:printf("third\n");
    }
    return 0;
}
```

4. 以下程序的运行结果是（　　　）。

```c
int main()
{
    int s,t,a,b;
    scanf("%d,%d",&a,&b);
    s=1;
    t=1;
    if(a>0)
        s=s+1;
    if(a>b)
        t=s+t;
    else if
        (a==b)
        t=5;
    else
        t=2*s;
    printf("s=%d,t=%d\n",s,t);
    return 0;
}
```

5. 以下程序的运行结果是（　　　）。

```c
int main()
{
    int a=2,b=7,c=5;
    switch(a>0)
    {
        case 1:switch(b<0)
            {
                case 1:printf("@");break;
                case 2:printf("!");break;
```

```
        }
      case 0:switch(c==5)
        {
            case 0:printf("*");break;
            case 1:printf("#");break;
            case 2:printf("$");break;
        }
      default:printf("&");
    }
    printf("\n");
    return 0;
}
```

6. 以下程序的运行结果是（　　　）。

```
int main()
{
    int x,y=1;
    if(y!=0) x=5;
    printf("\t%d\n",x);
    if(y==0) x=4;
    else x=5;
    printf("\t%d\n",x);
    x=1;
    if(y<0)
        if(y>0) x=4;
        else x=5;
    printf("\t%d\n",x);
    return 0;
}
```

7. 以下程序的运行结果是（　　　）。

```
int main()
{
    int x,y=-2,z=0;
    if((z=y)<0)
        x=4;
    else if(y==0)
        x=5;
    else
        x=6;
    printf("\t%d\t%d\n",x,z);
    if(z=(y==0))
        x=5;
        x=4;
    printf("\t%d\t%d\n",x,z);
    if(x=z=y) x=4;
```

```
    printf("\t%d\t%d\n",x,z);
    return 0;
}
```

四、编程题

1. 假设奖金税率如下：

$a<500$ 元	$r=0\%$
500 元 $\leqslant a<1000$ 元	$r=5\%$
1000 元 $\leqslant a<2000$ 元	$r=8\%$
2000 元 $\leqslant a<3000$ 元	$r=10\%$
$a\geqslant3000$ 元	$r=15\%$

其中，a 代表奖金，r 代表税率。

输入奖金，求税率和应缴税款，以及实得的奖金（扣除奖金税后）。

2. 某个自动加油站有 a、b、c 共 3 种汽油，单价分别为 7.88 元/升、8.39 元/升、9.88 元/升，该自助加油站提供了"自动加""自己加""协助加"共 3 种服务，享受后两种服务的用户可以得到 5%或 10%的优惠。针对用户输入的加油量 x、汽油品种 y 和服务类型 z，输出对应的应付款 m。

3. 输入一个整数，判断它能否被 3、5、7 整除，并输出以下信息之一。

（1）能同时被 3、5、7 整除。

（2）能同时被其中两个数（要指出是哪两个数）整除。

（3）只能被其中一个数（要指出是哪一个数）整除。

（4）不能被 3、5、7 中的任意一个数整除。

使用 switch 语句实现读入两个运算数（即 data1 和 data2）及一个运算符（即 op），计算表达式 data1 op data2 的值，其中，op 可以为"+""-""*""/"。

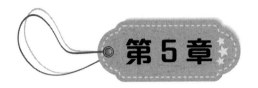

第 5 章

循环结构程序设计

循环结构也是 C 语言的 3 种基本程序结构中的一种。在许多实际问题中会遇到具有规律性的重复运算问题,反映在程序中就是将完成特定任务的一组语句重复执行多次。重复执行的语句被称为循环体,每执行一次循环体,都必须做出继续或停止循环的判断。其依据就是一个特定的条件,根据条件成立与否,决定是继续循环还是退出循环。

在 C 语言中,可以使用 while 语句、do-while 语句和 for 语句实现循环。

本章主要介绍这 3 种语句。

5.1 循环结构程序设计举例

本节将通过一个示例介绍循环结构程序设计的意义,并给出具体实现步骤。

【例 5.1】通过键盘输入多个学生成绩,求所有学生的平均成绩。

1. 问题分析

根据前面两个章节的学习,可以考虑到两种不同的解决方案。一种方案为,设多个变量,分别输入学生的成绩,先求和,再求平均值。这种方案由于变量数量多,浪费内存空间,显然不实际。另一种方案为,设一个变量,每次输入一个学生成绩,先累加再输入下一个学生成绩,如将语句 scanf("%f",&a);和语句 s=s+a;重复写多次,先求变量 s 的值,再计算平均值。这样写显然非常麻烦。可以发现,语句 scanf("%f",&a);和语句 s=s+a;是一直重复的,若使用一条语句能够使这两条语句自动重复执行多次,则可以简化代码,这就要用到本章将要介绍的循环结构。

2. 算法设计

明确了解题思路后,下面设计具体的实现算法。根据前面的分析,可以知道,首先应确定需要重复的部分,即在分析过程提到的输入语句及累加语句;其次应确定不需要重复的部分,即定义变量、求平均值及输出结果。

结合语句的执行步骤可知具体的解决过程。

（1）定义变量 score 用于存储学生成绩，定义 s=0 用于存储累加成绩，定义 n=0 用于统计输入的成绩数量。

（2）输入第一个学生的成绩。

（3）若 score>=0，则执行步骤（4），否则执行步骤（7）。

（4）n++;。

（5）s=s+score;。

（6）输入下一个成绩，并返回步骤（3）。

（7）如果 n>0，那么输出 s/n，否则不输出学生成绩。

3. 编写程序

C 语言提供了多种循环结构，如 for 语句、while 语句和 do-while 语句。每种循环结构都有其特定的使用场景和优点，这里将采用 while 语句来编写程序。具体的循环结构的内容将在后续小节中进行讲解。

完整的程序代码如下：

```
#include <stdio.h>
#include <stdlib.h>
int main( )
{ int  n=0 ;
  float s=0,score;
  scanf( "%f" ,&score);
  while (score >= 0 )
    {  n++;
       s=s+score;
       scanf( "%f" ,& score);
    }
  if(n>0)  printf (" \n %f", s/n);
  else   printf("no student score!");
  system("pause");
  return 0;
 }
```

4. 运行程序

根据之前章节中介绍的方法，输入上述程序代码并编译，确认没有错误之后运行程序。下面是运行结果。

运行结果如图 5.1 所示。

```
80 90 70 -1

 80.000000请按任意键继续. . . ▄
```

图 5.1 【例 5.1】的运行结果

由于程序没有任何语法错误，运行结果完全符合预期，因此不需要额外进行程序的调试。

5.2　使用 while 语句实现循环

5.2.1　while 语句的一般形式

while 语句的一般形式如下：

```
while(循环条件表达式)
    循环体
```

当循环条件表达式的值为真时，执行循环体，否则退出循环。

5.2.2　while 语句的执行过程

while 语句的执行过程如图 5.2 所示。

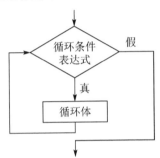

图 5.2　while 语句的执行过程

（1）求解循环条件表达式的值。如果循环条件表达式的值为真，那么进行步骤（2）；否则进行步骤（3）。

（2）先执行循环体，再进行步骤（1）。

（3）执行 while 语句的下一条语句。

【例 5.2】使用 while 语句实现 1～100 的累加和。

程序代码如下：

```c
#include <stdio.h>
#include <stdlib.h>
int main()
{
    int i=1,sum=0;
    while(i<=100)
    {
        sum += i;
        i++;
```

```
    }
    printf("1~100 的累加和为: %d\n",sum);
    system("pause");
    return 0;
}
```

运行结果如图 5.3 所示。

```
1~100的累加和为：5050
请按任意键继续. . .
```

图 5.3 【例 5.2】的运行结果

本示例中 while 语句的执行过程如图 5.4 所示。

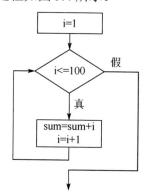

图 5.4 【例 5.2】中 while 语句的执行过程

使用 while 语句应注意以下几点。

（1）while 语句中的循环条件表达式可以为常量、变量或任意表达式，只要值为真，就可以继续循环。

例如：

```
while(1)
{
    语句
}
```

由于条件表达式 1 的值永远为真，所以会无限循环下去。

（2）循环体可以是一条简单语句，也可以是一条空语句，还可以是一条复合语句。循环体中如果包含一条以上的语句，那么应该使用大括号括起来，以复合语句形式出现；如果不使用大括号，那么 while 语句的范围只到 while 后面的第一个分号处。

（3）在循环条件表达式中，能使循环趋于结束的变量被称为循环控制变量，循环控制变量在使用之前必须进行初始化。

（4）在循环体中应有使循环趋于结束的语句。例如，在【例 5.2】中，由于使循环结束的条件是 i>100，因此在循环体中应该有使 i 的值增加以最终导致 i>100 的语句，这里使用语句 i++;来达到这个目的。

5.3　使用 do-while 语句实现循环

5.3.1　do-while 语句的一般形式

do-while 语句的一般形式如下：

```
do
    循环体
while(循环条件表达式);
```

当循环条件表达式的值为真时，执行循环体，否则退出循环。

5.3.2　do-while 语句的执行过程

do-while 语句的执行过程如图 5.5 所示。

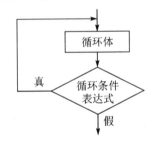

图 5.5　do-while 语句的执行过程

（1）执行循环体。

（2）求解循环条件表达式的值。如果循环条件表达式的值为真，那么进行步骤（1）；否则进行步骤（3）。

（3）执行 do-while 语句的下一条语句。

【例 5.3】使用 do-while 语句实现 1～100 的累加和。

程序代码如下：

```c
#include <stdio.h>
#include <stdlib.h>
int main()
{
    int i=1,sum=0;
    do
    {
        sum+=i;
```

```
        i++;
    }while(i<=100);
    printf("1~100 的累加和为: %d\n",sum);
    system("pause");
    return 0;
}
```

运行结果如图 5.6 所示。

```
1~100的累加和为：5050
请按任意键继续. . .
```

图 5.6 【例 5.3】的运行结果

本示例中 do-while 语句的执行过程如图 5.7 所示。

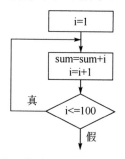

图 5.7 【例 5.3】中 do-while 语句的执行过程

可以看出，同一个问题可以使用 while 语句处理，也可以使用 do-while 语句处理。

对于 do-while 语句，由于先执行循环体再判断循环条件表达式的值，因此循环体至少要被执行一次；而对于 while 语句，先判断循环条件表达式的值再执行循环体。如果 while 语句中的循环条件表达式的值一开始就为假，那么循环体一次都不执行。

【例 5.4】while 语句和 do-while 语句的比较示例。

while 语句的程序代码如下：

```
#include <stdio.h>
#include <stdlib.h>
int main()
{
    int sum=0,i;
    scanf("%d",&i);
    while(i<=10)
    {
        sum=sum+i;
        i++;
    }
```

```
    printf("和为%d",sum);
    system("pause");
    return 0;
}
```

运行结果如下：

```
1↙
和为 55
```

再次运行，运行结果如下：

```
11↙
和为 0
```

do-while 语句的程序代码如下：

```
#include <stdio.h>
#include <stdlib.h>
int main()
{
    int sum=0,i;
    scanf("%d",&i);
    do
    {
        sum=sum+i;
        i++;
    }while(i<=10);
    printf("和为%d",sum);
    system("pause");
    return 0;
}
```

运行结果如下：

```
1↙
和为 55
```

再次运行，运行结果如下：

```
11↙
和为 11
```

当输入变量 i 的值小于或等于 10 时，二者的运行结果相同；当输入变量 i 的值大于 10 时，二者的运行结果不同。仔细思考二者的不同之处可以得出一个结论，即当一个程序至少会执行一次循环体时，while 语句与 do-while 语句是可以相互替代的。

5.4　使用 for 语句实现循环

C 语言的 for 语句十分灵活，不仅可以用于循环次数已经确定的情况，而且可以用于循环次数不能确定的情况。它完全可以替代 while 语句和 do-while 语句。

5.4.1　for 语句的一般形式

for 语句的一般形式如下:

```
for(表达式 1;表达式 2;表达式 3)
    循环体
```

下面是 for 语句中各表达式的主要含义及作用。

表达式 1:初值表达式,用于在循环开始之前给循环控制变量赋初值。

表达式 2:循环控制条件表达式,用于控制循环执行的条件。

表达式 3:循环控制变量修改表达式,用于修改循环控制变量的值。

5.4.2　for 语句的执行过程

for 语句的执行过程如图 5.8 所示。

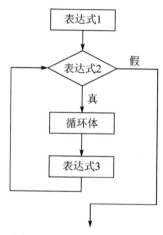

图 5.8　for 语句的执行过程

(1) 求解表达式 1 的值。

(2) 求解表达式 2 的值。如果表达式 2 的值为真,那么进行步骤 (3);否则进行步骤 (4)。

(3) 先执行循环体,并求解表达式 3 的值,再进行步骤 (2)。

(4) 执行 for 语句的下一条语句。

【例 5.5】使用 for 语句实现 1~100 的累加和。

程序代码如下:

```c
#include <stdio.h>
#include <stdlib.h>
int main()
{
    int i,sum=0;
    for(i=1;i<=100;i++)
        sum=sum+i;
    printf("%d\n",sum);
```

```
    system("pause");
    return;
}
```

运行结果如图 5.9 所示。

```
5050
请按任意键继续. . .
```

图 5.9　【例 5.5】的运行结果

本示例中 for 语句的执行过程如图 5.10 所示。

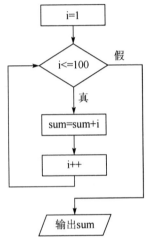

图 5.10　【例 5.5】中 for 语句的执行过程

（1）求解表达式 1 "i=1" 的值，得到循环控制变量的初值。

（2）求解表达式 2 "i<=100" 的值。若表达式 2 的值为假，则结束循环；否则进行步骤（3）。

（3）执行循环体 "sum=sum+i"。

（4）先求解表达式 3 "i++" 的值，再进行步骤（2）。

使用 for 语句应注意以下几点。

（1）通过表达式 1 可以设置循环控制变量的初值，也可以设置与循环控制变量无关的表达式。例如：

```
for(sum=0;i<=100;i++)
    sum=sum+i;
```

（2）for 语句中的 3 个表达式是可以被省略的，但 3 个表达式之间的分号不能被省略。【例 5.5】中的循环语句可以被改写为：

```
i=1;                    /*在 for 语句之前给循环控制变量赋初值*/
for(;i<=100;i++)    /*省略表达式 1*/
    sum=sum+i;
```

如果省略表达式 3，那么应在 for 语句的循环体内修改循环控制变量，例如：

```
for(i=1;i<-100;)
{
    sum=sum+i;
    i++;    /*修改循环控制变量*/
}
```

同样，表达式 1 和表达式 3 也可以同时被省略。

如果省略表达式 2，那么 for 语句将无限循环，可以使用 break 语句终止循环，例如：

```
i=1;
for(;;)
{
    sum=sum+i;
    i++;
    if(i>100) break;  /*如果变量 i 大于 100，则退出循环*/
}
```

（3）for 语句的循环体可以为空语句。【例 5.5】中的循环语句可以改写为：

```
for(sum=0,i=1;i<=100;sum=sum+i,i++);
```

上述 for 语句的循环体为空语句，不进行任何操作。实际上已把求累加和的运算放入表达式 3 了。注意，表达式 3 是一个逗号表达式。

（4）for 语句中的 3 个表达式可以是任意表达式。表达式 2 可以是关系表达式（i<=100 等）或逻辑表达式（a<b && x<y 等），也可以是数值表达式或字符表达式，只要其值为真，就执行循环体。例如：

```
for(;(c=getchar())!='\n';);
```

上述 for 语句的功能是通过键盘输入一个字符给变量 c，判断是否为回车换行符。如果不为回车换行符，那么继续通过键盘输入一个字符给变量 c，直到输入回车换行符为止。

5.5 循环语句的嵌套

在循环体中又包含另一个完整的循环结构的形式，被称为循环结构的嵌套。嵌套在循环体内的循环被称为内循环；嵌套在循环体外的循环被称为外循环。如果内循环中又有嵌套的循环，那么构成多层循环。while 语句、do-while 语句、for 语句都可以嵌套。例如，下面几种形式都是合规的。

（1）

```
while()
{ …
    while()
        { … }
}
```

（2）
```
do
{ …
    do
        { … }
    while();
}while();
```

（3）
```
for(; ; )
{ …
    for( ; ; )
        { … }
}
```

（4）
```
while()
{ …
    do
        { … }
    while();
}
```

（5）
```
do
{ …
    for( ; ; )
        { … }
}while();
```

（6）
```
for(;;)
{
    while()
        { … }
}
```

【例 5.6】输出 $n \times n$ 个 "*"。

程序代码如下：
```
#include <stdio.h>
#include <stdlib.h>
int main()
{
    int n,i,j;
    printf("请输入 n:");
    scanf("%d",&n);
    for(i=1;i<=n;i++)              /*外循环，控制行数*/
    {
```

```
        for(j=1;j<=n;j++)         /*内循环，控制一行"*"的数量*/
            putchar('*');
        putchar('\n');            /*换行*/
    }
    system("pause");
    return 0;
}
```

运行结果如图 5.11 所示。

```
请输入  n:3
***
***
***
请按任意键继续...
```

图 5.11 【例 5.6】的运行结果

5.6 循环语句的比较

（1）while 语句、do-while 语句和 for 语句都可以用来处理同一个问题，一般可以相互替代。

（2）在使用循环语句解决问题时应避免无限循环。对于 while 语句和 do-while 语句，循环体中应包括使循环趋于结束的语句；对于 for 语句，可以在表达式 3 中包括使循环趋于结束的语句。

（3）在使用 while 语句和 do-while 语句时，循环控制变量初始化应在 while 语句和 do-while 语句之前实现；而在使用 for 语句时，循环控制变量初始化可以在表达式 1 中实现，也可以在 for 语句之前实现。

（4）使用 do-while 语句更适合处理无论条件是否成立，都先执行一次循环体的情况；而使用 for 语句更适合处理循环次数确定的情况。

5.7 循环执行状态的改变

当在循环过程中需要退出循环时，可以根据实际要求使用 break 语句、continue 语句、goto 语句。

5.7.1 使用 break 语句提前终止整个循环

break 语句的一般形式如下：

```
break;
```

break 语句只能用在循环语句和 switch 语句中。当 break 语句用于 switch 语句中时，可使程序跳出 switch 语句而执行下一条语句。

当 break 语句用于 do-while 语句、for 语句、while 语句中时，可以使程序终止循环而执行循环体后面的语句。通常 break 语句与 if 语句结合在一起使用，即当条件满足时提前结束本层循环。break 语句的执行过程如图 5.12 所示。

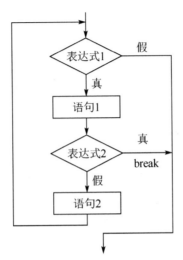

图 5.12　break 语句的执行过程

【例 5.7】通过键盘输入字符，当输入回车换行符时退出循环。

程序代码如下：

```c
#include <stdio.h>
#include <stdlib.h>
int main()
{
    char c;
    int i=0;
    while(i<1000)
    {
        c=getchar();   /*通过键盘输入字符，将其赋给变量 c*/
            break;     /*输入回车换行符，退出循环*/
        putchar(c);
        putchar('\n');
        i++;
    }
    system("pause");
    return 0;
}
```

运行结果如图 5.13 所示。

```
while
w
h
i
l
e
请按任意键继续. . . ▄
```

图 5.13 【例 5.7】的运行结果

注意，在多层循环中，使用一个 break 语句只可以跳出本层循环。

5.7.2 使用 continue 语句提前结束本次循环

continue 语句的一般形式如下：

```
continue;
```

continue 语句用于结束本次循环，即跳过循环体中剩余的语句而执行下一次循环。continue 语句只用在 for 语句、while 语句、do-while 语句等的循环体中，常与 if 语句一起使用。continue 语句的执行过程如图 5.14 所示。

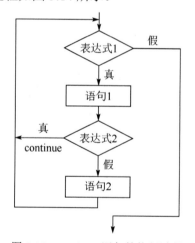

图 5.14 continue 语句的执行过程

【例 5.8】显示输入的字符，当输入 "#" 时退出循环，当输入 "@" 时不进行任何处理，继续输入下一个字符。

程序代码如下：

```
#include <stdio.h>
#include <stdlib.h>
int main()
{
    char c;
    int i=0;
    while(i<1000)
```

```
    {
        c=getchar();
        if(c=='#')
            break;
        if(c=='@')
            continue;
        putchar(c);
        i++;
    }
    system("pause");
    return 0;
}
```

运行结果如图 5.15 所示。

```
12@34#5
1234请按任意键继续. . . ▄
```

图 5.15　【例 5.8】的运行结果

注意，continue 语句与 break 语句的区别在于，continue 语句只用于提前结束本次循环，并未终止整个循环的执行；而 break 语句则用于提前终止整个循环。

5.8　循环结构程序设计的精选示例

【例 5.9】计算 π 的近似值，公式为 $\pi/4 \approx 1-1/3+ 1/5-1/7+\cdots\cdots$，到最后一项的绝对值小于 10^{-6} 为止。

程序代码如下：

```
#include <math.h>
#include <stdio.h>
#include <stdlib.h>
#include <math.h>
int main()
{
    int f=1;
    float pi=0,t=1,v=1;
    while(fabs(t)>1e-6)
    {
        pi=pi+t;
        v=v+2;
        f=-f;
        t=f/v;
    }
    pi*=4;
```

```
    printf("pi=%10.6f\n",pi);
    system("pause");
    return 0;
}
```

运行结果如图 5.16 所示。

```
pi=  3.141594
请按任意键继续. . .
```

图 5.16 【例 5.9】的运行结果

（1）通过观察公式可以发现如下规律：后一项分母依次比前一项分母递增 2，分子不变，符号交替改变。因此，可以分两部分来表示每一项 t。分子使用 f 表示，每次符号交替改变；分母使用 v 表示，初值为 1，每次 v 的值增加 2，即 v=v+2。

（2）可以使用 fabs(t)>le-6 表示循环控制条件。其中，fabs(t)表示 t 的绝对值，le-6 表示 10^{-6}。本示例的执行过程如图 5.17 所示。

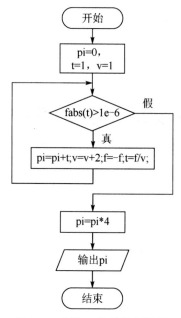

图 5.17 【例 5.9】的执行过程

【例 5.10】输出 200 以内的全部素数。

程序代码如下：

```
#include<stdio.h>
#include<stdlib.h>
#include<math.h>
int main()
{
```

```
int m,i,count,flag;
count=0;/*计数器清 0，用于控制每行输出数据的个数，这里为 8 个*/
printf("%5d",2);
count++;
for(m=3;m<200;m++)
{
    flag=0;
    for(i=2;i<=sqrt((double)m);i++)
    {
        if(m%i==0)
        {
            flag=1;
            break;
        }
    }
    if(flag==0)
    {
        printf("%5d",m);
        count++;
        if(count%8==0)
            printf("\n");
    }
}
printf("\n");
system("pause");
return 0;
}
```

运行结果如图 5.18 所示。

```
  2    3    5    7   11   13   17   19
 23   29   31   37   41   43   47   53
 59   61   67   71   73   79   83   89
 97  101  103  107  109  113  127  131
137  139  149  151  157  163  167  173
179  181  191  193  197  199
请按任意键继续. . .
```

图 5.18　【例 5.10】的运行结果

（1）素数是除 1 和它本身外不能被其他任何一个自然数整除的数。例如，2、3、5、7 是素数；1、4、6、8、9、10 不是素数。

（2）判断 m 是否为素数的比较简单的方法是，使用 2,3,4,…,m-1 这些数逐个除 m，只要 m 被其中一个数整除了，m 就不是素数。实际上，只需使用 $2\sim\sqrt{m}$ 除 m 即可。

（3）判断 m 是否为素数的过程如下：

初始假定 m 为素数，设置 flag=0，依次用 $2-\sqrt{m}$ 除 m，若有一个数能被 i 整除，则设置 flag=1，表示 m 不是素数，并停止对该数测试。测试结束后，判断变量 flag 的值是否为 0，若为 0，则输出 m 的值。

本示例的执行过程如图 5.19 所示。

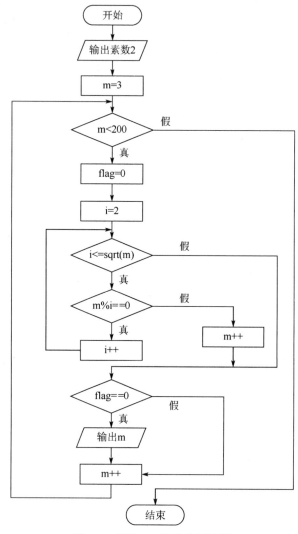

图 5.19 【例 5.10】的执行过程

【例 5.11】输入整数 *n*，输出高度为 *n* 的等边三角形。当 *n*=5 时，等边三角形如下：

```
    *
   ***
  *****
 *******
*********
```

程序代码如下：

```
#include <stdio.h>
#include <stdlib.h>
int main()
{
    int n,i,j;
    printf("输入 n: ");
    scanf("%d",&n);
    for(i=0;i<n;i++)
    {
        for(j=0;j<=n-i;j++)
            putchar(' ');
        for(j=0;j<=2*i;j++)
            putchar('*');
        putchar('\n');
    }
    system("pause")
    return 0;
}
```

运行结果如图 5.20 所示。

```
输入 n: 3
   *
  ***
 *****
请按任意键继续. . .
```

图 5.20 【例 5.11】的运行结果

（1）使用双层循环，外循环用于控制行数，内循环用于控制每行的输出。

（2）通过观察可以发现，每行"*"的数量为 2×i-1；"*"前面的空格的数量为 n-i。

【例 5.12】打印乘法口诀表。

程序代码如下：

```
#include<stdio.h>
#include<stdlib.h>
int main()
{
    int i, j;
    for (i = 1; i <= 9; i++) {           //外循环控制行数
        for (j = 1; j <= i; j++) {       //内循环控制列数
            printf("%d*%d=%d\t", j, i, i*j);   //打印乘法表达式
        }
        printf("\n");                    //每行结束后换行
    }
    system("pause");
    return 0;
}
```

运行结果如图 5.21 所示。

```
1*1=1
1*2=2    2*2=4
1*3=3    2*3=6    3*3=9
1*4=4    2*4=8    3*4=12   4*4=16
1*5=5    2*5=10   3*5=15   4*5=20   5*5=25
1*6=6    2*6=12   3*6=18   4*6=24   5*6=30   6*6=36
1*7=7    2*7=14   3*7=21   4*7=28   5*7=35   6*7=42   7*7=49
1*8=8    2*8=16   3*8=24   4*8=32   5*8=40   6*8=48   7*8=56   8*8=64
1*9=9    2*9=18   3*9=27   4*9=36   5*9=45   6*9=54   7*9=63   8*9=72   9*9=81

请按任意键继续. . . ■
```

图 5.21 【例 5.12】的运行结果

本程序需要使用双层循环，外循环控制行数，内循环控制列数。具体来说，外循环从 1 到 9 遍历，每次循环表示一行；内循环从 1 到当前外循环的值 i 遍历，每次循环表示一列。在内循坏中，程序使用 printf 函数打印乘法表达式。\t 表示水平制表符。每行结束后，程序使用 printf 函数输出一个\n，以便开始输出下一行。这样，通过循环结构嵌套的使用，程序可以输出完整的九九乘法表。

本章小结

在 C 语言中，使用 while 语句、do-while 语句、for 语句可以实现循环。goto 语句又称无条件转移语句，不经常使用，主要因为使用它将使程序层次不清，且不易读，本章中未对其进行具体介绍。通常使用的是前面 3 种语句。前面 3 种语句都可以用于处理同一个问题，一般可以相互替代。对于 while 语句和 do-while 语句，循环体中应包括使循环趋于结束的语句；对于 for 语句，可以在表达式 3 中包括使循环趋于结束的语句。在使用 while 语句和 do-while 语句时，循环控制变量初始化应在 while 语句和 do-while 语句之前实现；而在使用 for 语句时，循环控制变量初始化可以在表达式 1 中实现，也可在 for 语句之前实现。使用 do-while 语句更适合处理无论条件是否成立，都先执行一次循环体的情况；而使用 for 更适合处理循环次数确定的情况。

在循环体中又包含另一个完整的循环结构的形式，被称循环结构的嵌套。嵌套在循环体内的循环被称为内循环；嵌套在循环体外的循环被称为外循环。如果内循环中又有嵌套的循环，那么构成多层循环。while 语句、do-while 语句、for 语句都可以嵌套。

课后习题

一、选择题

1. 以下有关 for 语句的描述正确的是（　　　）。

A．for 语句只能用于循环次数已经确定的情况

B．for 语句用于先执行循环体，后判定表达式

C．在 for 语句中，不能使用 break 语句跳出循环体

D．在 for 语句的循环体中，可以包含多条语句，但要用大括号将其括起来

2．对于 for(表达式 1;;表达式 3)可以理解为（　　）。

A．for(表达式 1;1;表达式 3)

B．for(表达式 1:1;表达式 3)

C．for(表达式 1;表达式 1;表达式 3)

D．for(表达式 1;表达式 3;表达式 3)

3．以下描述正确的是（　　）。

A．continue 语句用于结束整个循环的执行

B．只能在循环语句和 switch 语句中使用 break 语句

C．在循环语句中使用 break 语句和 continue 语句的作用相同

D．在从循环的嵌套中退出时，只能使用 goto 语句

4．在 C 语言中（　　）。

A．不能使用 do-while 语句构成的循环

B．do-while 语句构成的循环必须使用 break 语句退出

C．对于 do-while 语句构成的循环，当表达式的值不为 0 时结束

D．对于 do-while 语句构成的循环，当表达式值为 0 时结束

5．C 语言中的 while 语句和 do-while 语句的主要区别是（　　）。

A．do-while 语句中的循环体至少无条件执行一次

B．while 语句中的循环控制条件比 do-while 语句中的循环控制条件严格

C．do-while 语句允许从循环体外转移到循环体内

D．do-while 语句中的循环体不能是复合语句

6．以下不是死循环的程序是（　　）。

A.
```
int i=100;
while(1)
{ i=i%100+1;
   if(I>100) break;
}
```

B.
```
for( ; ; );
```

C.
```
int k=0;
do{ ++k; }
while(k>=0);
```

D.
```
int s=36;
while(s);
--s;
```

7．以下能正确计算 1×2×3×⋯×10 的程序是（　　）。

A.
```
do{i=1;s=1;
   s=s*i;
   i++;
   }while(i<=10);
```

B.
```
do{i=1;s=0;
   s=s*i;
   i++;
   }while(i<=10);
```

C.
```
i=1;s=1;
do{ s=s*i;
   i++;
   }while(i<=10);
```

D.
```
i=1;s=0;
do{ s=s*i;
   i++;
   }while(i<=10);
```

8. 以下程序的运行结果是（   ）。
```
int main()
{
    int y=10;
    do{
        y--;
    }while(--y);
    printf("%d\n",y--);
    return 0;
}
```
    A. -1   B. 1   C. 8   D. 0

9. 以下程序的运行结果是（   ）。
```
int main()
{
    int num=0;
    while(num<=2)
    {
        num++;
        printf("%d\n",num);
    }
    return 0;
}
```
    A. 1   B. 1 2   C. 1 2 3   D. 1 2 3 4

10. 若通过键盘输入 3.6 2.4↙，则以下程序的运行结果是（   ）。
```
int main()
{
    float x,y,z;
    scanf(%f%f",&x,&y);
    z=x/y;
    while(1)
    {
        if(fabs(z)>1.0)
        { x=y;y=z;z=x/y;}
```

```
        else
            break;
    }
    printf("%f\n",y);
    return 0;
}
```

　　A．1.500000　　　　　B．1.600000　　　　　C．2.000000　　　　　D．2.400000

二、程序填空题

　　1. 以下程序的功能是将小写字母转变成对应的大写字母后面的第二个字母，即将 y 变成 A，将 z 变成 B。请在_____内填入正确的内容。

```
int main()
{
    char c;
    while((c=getchar())!='\n')
    { if(c>='a' && c<='z')
        { _____;
        if(c>'Z' && c<='Z'+2)
            _____; }
        printf("%c",c);
    }
    return 0;
}
```

　　2. 以下程序的功能是将通过键盘输入的一组字符统计出大写字母的个数 m 和小写字母的个数 n，并输出 m 和 n 中的较大的数。请在_____内填入正确的内容。

```
int main()
{
    int m=0,n=0;
    char c;
    while((_____)!='\n')
    { if(c>='A' && c<='Z') m++;
    if(c>='a' && c<='z') n++;
    }
    printf("%d\n",m<n?_____);
    return 0;
}
```

　　3. 以下程序的功能是把 316 表示为分别能被 13 和 11 整除两个数相加的形式。请在_____内填入正确的内容。

```
int main()
{
    int i=0,j,k;
    do{ i++; k=316-13*i; }
    while(_____);
```

```
      j=k/11;
      printf("316=13*%d+11*%d",i,j);
      return 0;
}
```

4. 以下程序的功能是通过键盘输入若干个学生的成绩，统计并输出最高成绩和最低成绩，当输入负数时结束程序。请在_____内填入正确的内容。

```
int main()
{
    float x,amax,amin;
    scanf("%f",&x);
    amax=x;
    amin=x;
    while(_____)
    {
        if(x>amax) amax=x;
        if(_____) amin=x;
        scanf("%f",&x);
    }
    printf("amax=%f\namin=%f\n",amax,amin);
    return 0;
}
```

5. 以下程序的功能是求 xyz+yzz=532 中 x、y 和 z 的值。其中，xyz 和 yzz 均表示一个三位数。

```
int main()
{
    int x,y,z,i,result=532;
    for(x=1;_____;x++)
        for(y=1;y<10;y++)
            for(z=0;_____;z++)
            {
                i=100*x+10*y+z+100*y+10*z+z;
                if(_____)
                    printf("x=%d,y=%d,z=%d\n",x,y,z);
            }
            return 0;
}
```

6. 以下程序的功能是根据公式 e=1+1/1!+1/2!+1/3!+……求 e 的近似值，要求精确度为 10^{-6}。请在_____内填入正确的内容。

```
int main()
{
    int i;
    double e,new;
    e=1.0;new=1.0;
    for(i=1;_____;i++)
```

```
    {
        _____;
        _____;
    }
    printf("e=%f\n",e)
    return 0;
}
```

7. 以下程序的功能是实现将一元人民币换成一分、两分、五分人民币的所有兑换方案。请在_____内填入正确的内容。

```
int main()
{
    int i,j,k,l=1;
    for(i=0;i<=20;i++)
    for(j=0;    ;j++)
    {
        _____
        if(k>=0)
        { printf("%2d,%2d,%2d",i,j,k);
            if(l%5==0)
            printf("\n");
        }
    }
    return 0;
}
```

8. 以下程序的功能是统计正整数的各位数字中 0 的个数，并求各位数字中的最大数。请在_____内填入正确的内容。

```
int main()
{
    int n,count,max,t;
    count=max=0;
    scanf("%d",&n);
    do{
        _____;
        if(_____)
            ++count;
        else if(   )
            max=t;
        _____;
    }while(n);
    printf("count=%d,max=%d",count,max);
    return 0;
}
```

三、程序阅读题

1. 通过键盘输入 2473✓，以下程序的运行结果是 (　　　)。

```
int main()
{
    int c;
    while((c=getchar())!='\n')
        switch(c-'2')
        {
            case 0:
            case1: putchar(c+4);
            case2: putchar(c+4);break
            case3: putchar(c+3);
            default: putchar(c+2);break;
        }
    printf("\n");
    return 0;
}
```

2. 通过键盘输入 ADescriptor✓，以下程序的运行结果是 (　　　)。

```
int main()
{
    char c;
    int v0=0,v1=0,v2=0;
    do{
        switch(c=getchar())
        {
            case 'a':case 'A':
            case 'e':case 'E':
            case 'i':case 'I':
            case 'o':case 'O':
            case 'u':case 'U':v+=1;
            default:v0+=1;v2+=1;}
    }while(c!='n\');
    printf("v0=%d,v1=%d,v2=%d\n",v0,v1,v2);
    return 0;
}
```

3. 以下程序的运行结果是 (　　　)。

```
int main()
{
    int i,b,k=0;
    for(i=1;i<=5;i++)
    { b=i%2;
        while(b-->=0) k++;
    }
    printf("%d,%d",k,b);
```

```
    return 0;
}
```

4. 以下程序的运行结果是（　　　）。

```
int main()
{
    int a,b;
    for(a=1,b=1;a<=100;a++)
    { if(b>=20) break;
        if(b%3==1) { b+=3; continue; }
        b-=5;
    }
    printf("%d\n",a);
    return 0;
}
```

5. 以下程序的运行结果是（　　　）。

```
int main()
{
    int i,j,x=0;
    for(i=0;i<2;i++)
    { x++;
        for(j=0;j<=3;j++)
        { if(j%2) continue;
        } x++;
    }
    printf("x=%d\n",x);
    return 0;
}
```

6. 以下程序的运行结果是（　　　）。

```
int main()
{
    int i;
    for(i=1;i<=5;i++)
    {
    if(i%2)
        printf("*");
        else continue;
        printf("#");
    }
    printf("$\n");
    return 0;
}
```

7. 以下程序的运行结果是（　　　）。

```
int main()
{
```

```
    int i,j,a=0;
    for(i=0;i<2;i++)
    {
    for(j=0; j<4; j++)
        {
        if(j%2) break; a++;
        }
        a++;
    }
    printf("%d\n",a);
    return 0;
}
```

8. 以下程序的运行结果是（   ）。

```
int main()
{
    int i,j,k;
    for(i=1;i<=4;i++)
    {
        for(j=1;j<=20-3*i;j++)
            printf(" ");
        for(k=1;k<=2*i-1;k++)
            printf("%3s","*");
        printf("\n");
    }
    for(i=3;i>0;i--)
    {
        for(j=1;j<=20-3*i;j++)
    printf(" ");
        for(K=1;k<=2*i-1;k++)
            printf("%3s","*");
        printf("\n");
    }
    return 0;
}
```

9. 以下程序的运行结果是（   ）。

```
int main()
{
    int i,j,k;
    for(i=1;i<=6;i++)
    {
        for(j=1;j<=20-3*j;j++)
            printf("%3d",k);
        for(k=i-1;k>0;k--)
            printf("%3d",k);
        printf("\n"0);
```

```
    }
    return 0;
}
```

四、编程题

1. 根据公式 $\pi^2/6 \approx 1/1^2 + 1/2^2 + 1/3^2 + \cdots + 1/n^2$，求 π 的近似值，直到最后一项的值小于 10^{-6} 为止。

2. 有 1020 个西瓜，第一天卖出一半多两个，以后每天卖出剩下的一半多两个，求几天后可以卖完。

3. 使用"辗转相除法"求两个正整数的最大公约数。

4. 若等差数列的第一项 a=2，公差 d=3，则在前 n 项中，输出能被 4 整除的所有项的和。

5. 求使用 0~9 可以组成多少个没有重复的三位偶数。

6. 输出 1~100 内每位数的乘积大于每位数的和的数。

7. 求 1000 以内的所有完全数。说明，一个数如果恰好等于它的因子之和（除自身外），那么这个数被称为完全数，如因为 6=1+2+3，所以 6 为完全数。

8. 有一堆零件（个数在 100~200 内），若每 4 个零件一组，则多 2 个零件；若每 7 个零件一组，则多 3 个零件；若每 9 个零件一组，则多 5 个零件，求这堆零件的总数。

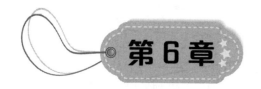

数 组

程序处理的对象是各式各样的数据，选取一种合理、有效的方式将数据组织起来是编写一个高效率、高质量程序的必要前提。在大多数情况下，程序处理的大部分数据都是批量数据，下面列举两个典型示例。

示例1：每到期末，教师都要对所授课程成绩进行分析，包括统计各分数段人数及所占比例，计算平均分、标准差等。希望编写一个程序，帮助教师完成成绩分析。

示例2：每年学校团委都要举办校园歌手大赛，安排10位评委。每位歌手最终得分规则：去掉一个最高分，去掉一个最低分，取剩下8位评委打分的平均值为该歌手最后得分。希望编写一个程序，帮助工作人员计算每位歌手的分数。

仔细分析以上两个示例可以发现，以上两个示例的实现都要处理批量数据，如果使用前面章节所学的知识，那么要为以上两个示例定义若干个变量。虽然这样不违背C语言的语法，但是这样编写程序显然不仅程序繁复、冗长，而且体现不出各数据之间的关系，同时可能为阅读和理解带来困难。有没有更好的数据组织方式呢？

习近平在中国共产党第二十次全国代表大会上的报告中指出："弘扬以伟大建党精神为源头的中国共产党人精神谱系，用好红色资源，深入开展社会主义核心价值观宣传教育，深化爱国主义、集体主义、社会主义教育，着力培养担当民族复兴大任的时代新人。"

从中可以进一步理解C语言中的数组数据结构的作用。数组好比集体主义，只有将数据按其内在逻辑组织在一起，才能发挥数据更大的作用，实现单个数据无法完成的任务。

本章将重点介绍一维数组和二维数组的定义、初始化、基本操作，以及一维数组和二维数组元素的引用，并通过精选示例，介绍数组在数据管理和数据统计方面的典型应用，如数据的查找、排序等。同时，介绍字符数组的定义、初始化、基本操作，以及字符串的存储、字符串处理函数，并通过精选示例介绍字符数组的典型应用。

6.1　一维数组

数组是具有相同数据类型元素的有序集合。集合中的元素被称为数组元素，元素在集合中的位置信息被称为下标。只有一个下标的数组被称为一维数组，而有多个下标的数组被称为多维数组。在引用某个元素时，只要给出数组名和下标即可。数组元素的数据类型可以是基本类型中的字符型、整型、实型等，也可以是指针类型、结构体类型、共用体类型等。

6.1.1　一维数组的定义

同单个变量的使用原则一样，一维数组也必须"先定义，后使用"。

一维数组的定义的一般形式如下：

```
类型标识符  数组名[元素个数];
```

例如，下面定义了几组不同数据类型、不同元素个数的一维数组。

```
int a[10],b[20];    /*定义两个分别具有 10 个和 20 个元素的一维整型数组 a 和 b*/
float x[10];        /*定义一个具有 10 个元素的一维单精度型数组 x*/
double z[30];       /*定义一个具有 30 个元素的一维双精度型数组 z*/
char ch[80];        /*定义一个具有 80 个元素的一维字符数组 ch*/
```

一维数组在内存中使用了连续的存储单元，各元素相邻存放。数组名是一个常量，代表数组元素在内存中的首地址。单个变量定义的实质是在内存中为该变量分配指定字节（sizeof(类型名)）的存储单元，用来存放该变量。一维数组和单个变量一样，一经定义，系统便为每个一维数组在内存中分配连续的存储单元。一维数组占用内存的字节数和数组元素的个数、数组元素的数据类型有关。

对于前面提到的示例 1，假设班级有 40 个学生，成绩为 0～100 内的整数，可以定义一个具有 40 个元素的一维整型数组用于存放学生成绩。

```
int score[40];
```

对于前面提到的示例 2，假设评委给歌手打的分为[0,10]内的小数，可以定义一个具有 10 个元素的一维实型数组用于存放评委为某位歌手打的分。

```
double vote[10];
```

在定义一维数组时应注意以下几点。

（1）数组名的书写规则应符合标识符的书写规则。

（2）数组名不能与其他变量名相同。例如，下述定义形式是错误的。

```
int a;
float a[10];
```

（3）中括号内元素的个数即数组的长度。例如，int a[5];表示一维整型数组 a 有 5 个元素，但是由于其下标从 0 开始计算，因此 5 个元素分别为 a[0]、a[1]、a[2]、a[3]、a[4]。

（4）若 sizeof(int)=4，则在定义 int a[5];时，系统将为一维整型数组 a 在内存中分配连续的 5*sizeof(int)=20 个存储单元。一维整型数组 a 的存储如图 6.1 所示。

a[0]		1000
a[1]		1004
a[2]		1008
a[3]		100C
a[4]		1010

图 6.1　一维整型数组 a 的存储

（5）不能在中括号内使用变量表示元素个数，但是可以使用符号常量或常量表达式表示元素个数。例如，下述定义形式是错误的。

```
int n=5;
int a[n];
```

6.1.2　一维数组的初始化

在定义局部数组时，系统只是根据数组元素的个数及每个数组元素所需的存储单元为数组分配连续的存储单元，而并没有为数组元素赋值。为此，C 语言也为一维数组提供了初始化功能。

一维数组的初始化的一般形式如下：

```
类型标识符 数组名[元素个数]={元素初值1,元素初值2,…,元素初值n};
```

例如：

```
int a[5]={1,2,3,4,5};
```

当系统执行这条语句时，不仅要为一维整型数组 a 分配连续的存储单元，而且要将中括号内的值按从左往右的顺序依次赋给一维整型数组 a 中的每个元素，即 a[0]=1、a[1]=2、a[2]=3、a[3]=4、a[4]=5。

此外，一维数组的初始化还有以下两种特殊形式。

形式 1：给部分数组元素赋值。

例如：

```
int a[5]={1,2};
```

此时，a[0]=1，a[1]=2，其他元素自动被赋值 0。

形式 2：在对全部数组元素赋初值时，可以不指定数组的长度，系统自动根据初值个数确定数组的长度。

例如：

```
int a[]={1,2,3,4,5};
```

系统将 a 定义为一个有 5 个元素的一维整型数组。

在初始化一维数组时应注意以下几点。

（1）赋给数组元素的初值被放在一对大括号内，各初值之间用英文逗号分隔，不能跳过前面的数组元素给后面的数组元素赋初值。

例如，下述赋初值的形式是错误的。

```
int a[5]={1,,3,4,5};
```

（2）所赋初值的个数不能多于一维数组定义的元素个数。

例如，下述赋初值的形式是错误的。

```
int a[5]={1,2,3,4,5,6};
```

6.1.3　一维数组元素的引用及一维数组的基本操作

1．一维数组元素的引用

要想引用一维数组中的每个元素，除了要给出数组名，还要给出数组元素的位置。一维数组元素的引用的一般形式如下：

```
数组名[下标]
```

其中，下标应在 0～（元素个数-1）内，且既可以是整型常量、整型变量或整型表达式，又可以是字符表达式或枚举类型表达式。

例如：

```
int a[5],b=2,c=1;
```

以下数组元素的引用都是合规的。

```
a[0];a[b];a[c*3];
```

需要注意的是，C 语言的编译系统并不检查下标是否越界，如 a[5]、a[b+4]等引用都不会报错，这会产生不可预料的运行结果。因此，在引用数组元素时要保证下标取值的有效性。

2．一维数组的基本操作

前面介绍过，在定义了单个变量后，就可以对单个变量进行赋值、输入、输出等基本操作。同样，在定义了一维数组后，也可以对一维数组进行基本操作。但是对一维数组进行这些基本操作其实是通过对每个数组元素分别进行这些基本操作来实现的。

1）一维数组的赋值

一维数组的赋值，其实是对数组元素赋值。

例如，以下赋值都是合规的。

```
int n=3,a[5];
a[2]=2;
a[n+1]=a[2]+3;      /*相当于a[4]=5;*/
a['b'-'a']=6;       /*相当于a[1]=6;*/
```

在为每个数组元素赋值时，应该使用循环结构。例如：

```
int i,a[5];
for(i=0;i<5;i++)
    a[i]=1;            /*将1赋给a[0]、a[1]、a[2]、a[3]、a[4]*/
```

以上程序的功能是将 1 赋给每个数组元素。例如，以下操作是不合规的。

```
int a[5];
a=1;
```

由于数组名是一个常量，代表数组元素在内存中的首地址，因此不能通过数组名对数组进行整体赋值、输入和输出，而只能通过使用循环语句来完成这些基本操作。

2）一维数组的输入

一维数组的输入，其实是向数组元素中输入值，只能逐个引用数组元素而不能一次引用整个一维数组。

例如：

```
int i,a[5];
for(i=0;i<5;i++)          /* 依次向 a[0]、a[1]、a[2]、a[3]、a[4]中输入值*/
    scanf("%d",&a[i]);
```

3）一维数组的输出

一维数组的输出，其实是输出每个数组元素的值，只能逐个引用数组元素而不能一次引用整个一维数组。

例如：

```
int i,a[5];
for(i=0;i<5;i++)          /*输出 a[0]、a[1]、a[2]、a[3]、a[4]的值*/
    printf("%5d",a[i]);
```

6.1.4 一维数组的精选示例

在实际应用中，经常要对一组数据进行统计，如对一组数据进行排序、从一组数据中查询出满足条件的值等。下面将列举几个一维数组的精选示例。

1. 数据的统计

统计是一维数组的一个典型应用，指根据一组数据中的某些特征进行统计。统计包括求和、求平均值、求总数、求最大值、求最小值等。统计的结果往往是通过对所有数据进行扫描、判断或综合加工得到的。

【例 6.1】每到期末，教师都要对所授课程成绩进行分析。假设某班有 10 个学生，请统计各分数段人数及所占比例，并计算平均分。

程序代码如下：

```
#include <stdio.h>
#define NUM 10                              /*定义学生人数*/
int main(void)
{
    int people[5]={0};                      /*定义存放各分数段人数，初值为0*/
    int score[NUM];                         /*定义学生成绩*/
    int i=0,scoresum=0;
```

```
    printf("请输入学生成绩: \n");              /*输入学生成绩*/
    do
    {
        scanf("%d",&score[i]);
        if(score[i]>=0 && score[i]<=100)    /*有效性检查*/
        i++;
    }while(i<NUM);
    for(i=0;i<NUM;i++)
    {
        switch(score[i]/10)
        {
            case 0:case 1:case 2:case 3:case 4:case 5:people[0]++;break;
            case 6:people[1]++;break;
            case 7:people[2]++;break;
            case 8:people[3]++;break;
            case 9:case 10:people[4]++;break;
        }
        scoresum+=score[i];
    }
    /*输出各分数段人数及所占比例,以及平均分*/
    printf("\n60 分以下的人数为: %d, 所占比例为%5.1f%%",people[0], 100.0*people[0]/NUM);
    printf("\n60~70 分(不含70 分)的人数为: %d, 所占比例为%5.1f%%",people[1],
100.0*people[1]/NUM);
    printf("\n70~80 分(不含80 分)的人数为: %d, 所占比例为%5.1f%%",people[2],
100.0*people[2]/NUM);
    printf("\n80~90 分(不含90 分)的人数为: %d, 所占比例为%5.1f%%",people[3],
100.0*people[3]/NUM);
    printf("\n90~100 分的人数为: %d, 所占比例为%5.1f%%\n",people[4], 100.0*people[4]/NUM);
    printf("\n 本次考试的平均分为: %5.1f\n",scoresum*1.0/NUM);
}
```

运行结果如图 6.2 所示。

图 6.2 【例 6.1】的运行结果

根据问题的描述可以得知,要得到各分数段人数,需要逐个比较 10 个学生的成绩是否在指定的分数段内,如果在,那么该分数段人数自增 1;当得出各分数段人数后,各分数段人数所占比例就可以使用公式"各分数段人数所占比例=各分数段人数/总学生人数"得出;要计算平均分,只要将 10 个学生的成绩进行累加,并使用公式"平均分累加和/总学生人

数"即可得出。

将分数分为 5 个分数段：[0,60)、[60,70)、[70,80)、[80,90)、[90,100]，将这 5 个分数段的人数存放到有 5 个元素的一维整型数组中，各数组元素的初值为 0。因为学生成绩不需要保存，所以 10 个学生的成绩通过循环语句输入即可。

2. 数据的排序

排序也是一维数组的一个典型应用，指将一组无序数据重新升序或降序排列。下面将介绍如何使用冒泡法进行排序。

【例 6.2】已知某流行歌曲网站每周根据用户的投票情况公布歌曲排行榜，请使用冒泡法帮助该网站实现这个功能。

程序代码如下：

```c
#include <stdio.h>
#define NUM 10              /*定义参加排序的歌曲数*/
int main(void)
{
    int vote[NUM];              /*定义歌曲的投票数*/
    int i,j,temp,k;
    /*输入每首歌曲的投票数*/
    printf("请输入%d 个整数: ",NUM);
    for(i=0;i<NUM;i++)
        scanf("%d",&vote[i]);
    /*输出排序前的数组*/
    printf("\n 排序前: ");
    for(i=0;i<NUM;i++)
        printf("%5d",vote[i]);
    /*冒泡排序*/
    printf("\n\n 排序中: \n");
    for(i=0;i<NUM-1;i++)            /*冒泡排序最多进行 NUM-1 轮*/
    {
        /*每轮将相邻两个元素进行比较，最多比较 NUM-i-1 次*/
        for(j=0;j<NUM-i-1;j++)
        if(vote[j+1]>vote[j])
            {
            temp=vote[j];
            vote[j]=vote[j+1];
            vote[j+1]=temp;
            }
        printf("第%d 轮: ",i+1);
        for(k=0;k<NUM;k++)
            printf("%5d",vote[k]);
        printf("\n");
    }
```

```
    /*输出排序后的数组*/
    printf("\n 排序后: ");
    for(i=0;i<NUM;i++)
        printf("%5d",vote[i]);
    printf("\n");
}
```

运行结果如图 6.3 所示。

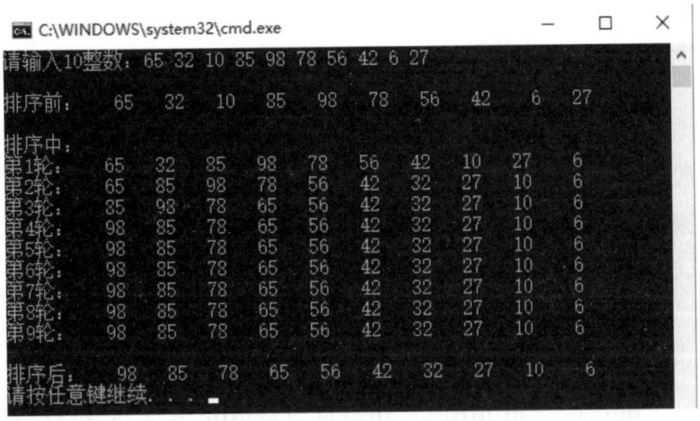

图 6.3　【例 6.2】的运行结果

假设该流行歌曲网站提供了 10 首歌曲供用户投票，投票结果为 65、32、10、85、98、78、56、42、6、27。具体的排序过程：对 *n* 个元素进行降序排序，从第 1 个元素开始，将两两相邻的元素进行比较，每次比较时将较小的元素放到前面，比较 *n*-1 次后，*n* 个元素中最小的一个元素被移动到最后一个元素的位置上，这被称为"冒泡排序"。下一轮比较仍然从第 1 个元素开始，对余下的 *n*-1 个元素重复上述过程 *n*-2 次，*n* 个元素中次小的一个元素被移动到倒数第二个元素的位置上。以此类推，直到第 *n*-1 轮比较结束，此时 *n* 个元素全部排序结束。

从图 6.3 中可以看出，到第 4 轮，全部数据已排序完成，以后的比较是没有意义的。因此，可以对以上冒泡排序进行改进。为了标记在比较过程中是否发生了数据交换，在程序中定义一个变量 flag，在每轮比较前设置 flag=0。如果在本轮数据比较的过程中发生了数据交换，那么 flag=1。当本轮比较结束后，判断变量 flag 的值，如果变量 flag 的值仍为 0，那么表示没有任何数据交换，可以结束排序，否则进行下一轮排序。改进的程序代码请读者自行完成。

6.2　二维数组

有时在对问题进行求解的过程中抽象出来的是二维表格、矩阵等具有二维特征的数据。例如，由于高考成绩管理系统中每个考生的成绩由语文、数学、外语、综合、总分五部分组成，因此需要两个下标来唯一确定这组值，一个下标表示考生人数，另一个下标表示成

绩门数。在 C 语言中，采用二维数组能够处理具有二维特征的数据。下面将介绍二维数组的定义、初始化、基本操作，以及二维数组元素的引用，并列举几个二维数组的精选示例。

6.2.1　二维数组的定义

二维数组的定义的一般形式如下：

```
类型标识符 数组名[行数][列数];
```

例如：

```
int a[3][4];        /* 定义一个 3 行 4 列的二维整型数组 a，共有 12 个元素*/
float b[10][5];     /* 定义一个 10 行 5 列的二维实型数组 b，共有 50 个元素*/
```

在定义二维数组时应注意以下几点。

（1）一个二维数组可以看成一个二维表格，第一个下标表示行，第二个下标表示列。同一维数组一样，行下标与列下标都是从 0 开始的。对于定义 int a[3][4];，元素逻辑排列如下：

	第 0 列	第 1 列	第 2 列	第 3 列
第 0 行	a[0][0]	a[0][1]	a[0][2]	a[0][3]
第 1 行	a[1][0]	a[1][1]	a[1][2]	a[1][3]
第 2 行	a[2][0]	a[2][1]	a[2][2]	a[2][3]

（2）行数和列数必须是整型常量或整型常量表达式。

（3）二维数组的元素个数=行数×列数。

（4）二维数组在内存中是按一维线性排列的，占用连续的存储单元。在内存中，二维数组元素是按行顺序存放的，即在内存中先顺序存放第一行元素，再顺序存放第二行元素，以此类推，直到顺序存放最后一行元素。对于定义 int a[3][4];，系统将为二维整型数组 a 分配连续的存储单元。

二维整型数组 a 的存储如图 6.4 所示。

a[0][0]		1000
a[0][1]		1004
a[0][2]		1008
a[0][3]		100C
a[1][0]		1010
a[1][1]		1014
a[1][2]		1018
a[1][3]		101C
a[2][0]		1020
a[2][1]		1024
a[2][2]		1028
a[2][3]		102C

图 6.4　二维整型数组 a 的存储

6.2.2 二维数组的初始化

与一维数组类似，在定义二维数组时可以同时对其进行初始化。二维数组的初始化有以下几种形式。

（1）分行给数组元素赋初值。这是由于二维数组可以看成一种特殊的一维数组，即该数组元素又是一个一维数组。

例如：

```
int a[3][4]={{1,2,3,4},{5,6,7,8},{9,10,11,12}};
```

这种赋初值的方法比较直观，全部初值都被放在外层大括号内，每行的初值分别被放在内层大括号内，依次把第 1 对大括号内的数据赋给第 0 行的元素，把第 2 对大括号内的数据赋给第 1 行的元素……即按行赋初值。

当某行的一对大括号内的初值个数少于该行内的元素个数时，系统将自动给后面的元素补上初值。若数组的数据类型为数值型，则初值为 0；若数组的数据类型为字符型，则初值为'\0'。

例如：

```
int a[3][4]={{1,2,3},{5,6,7},{9,10,11}};
```

系统将把 0 赋给 a[0][3]、a[1][3]、a[2][3]。初始化后，各数组元素的值如下：

$$
\begin{array}{cccc}
1 & 2 & 3 & 0 \\
5 & 6 & 7 & 0 \\
9 & 10 & 11 & 0
\end{array}
$$

（2）由于二维数组在内存中是按一维线性排列的，因此可以将所有数据都放在一对大括号内，按二维数组的内存排列顺序对各数组元素赋初值。

例如：

```
int a[3][4]={1,2,3,4,5,6,7,8,9,10,11,12};
```

此处的效果与第一种形式示例中的效果相同，但是在使用这种方法时如果数据较多，那么会写成一大片，容易遗漏，不易检查。

由于这种方法类似一维数组的初始化方法，因此也可以在大括号内给出部分数组元素的初值。

例如：

```
int a[3][4]={1,2,3,4,5,6,7,8,9};
```

系统将把 0 赋给 a[2][1]、a[2][2]、a[2][3]。初始化后，各数组元素的值如下：

$$
\begin{array}{cccc}
1 & 2 & 3 & 4 \\
5 & 6 & 7 & 8 \\
9 & 0 & 0 & 0
\end{array}
$$

（3）采用分行初始化的方式，可以不指定数组第一维的大小（行数），但是必须指定数组第二维的大小（列数），系统根据大括号的对数确定数组第一维的大小。

例如：

```
int a[ ][4]={{1,2,3},{4},{9,10,11}};
```

此处定义了一个 3 行 4 列的二维整型数组 a。

（4）在使用一个大括号给元素赋初值时，可以不指定数组第一维的大小，但是必须指定数组第二维的大小，系统可以自动决定数组第一维的大小。

例如：

```
int a[][4]={1,2,3,4,5,6,7,8,9};
```

等同于

```
int a[3][4]={1,2,3,4,5,6,7,8,9};
```

6.2.3　二维数组元素的引用及二维数组的基本操作

1. 二维数组元素的引用

二维数组元素的引用的一般形式如下：

数组名[行下标][列下标]

其中，行下标和列下标为整型常量或整型表达式，行下标的取值范围是 0～（行数-1），列下标的取值范围是 0～（列数-1）。

二维数组元素的引用与一维数组元素的引用类似，每个元素都可以作为一个变量来使用，但要注意行下标和列下标的取值范围，不要越界使用。

例如，以下有关二维数组元素的引用都是合规的。

```
int a[3][4],i=2,j=1;
a[0][1]=i;
a[i][j]=a[0][1]*4;
```

2. 二维数组的基本操作

二维数组的输入和输出与一维数组的输入和输出一样，只能对单个元素进行，且多使用双层循环实现。

【例 6.3】定义一个二维数组，并对该二维数组进行输入和输出。

程序代码如下：

```
#include <stdio.h>
#define M 3            /*定义行数*/
#define N 4            /*定义列数*/
int main(void)
{
    int a[M][N],i,j;
    printf("请输入%d个整数: \n",M*N);
    for(i=0;i<M;i++)      /*使用外循环控制行下标*/
        for(j=0;j<N;j++)   /*使用内循环控制列下标*/
            scanf("%d",&a[i][j]);
```

```
    printf("\n 请按行输出二维数组：\n");
    for(i=0;i<M;i++)          /*按行输出*/
    {
        for(j=0;j<N;j++)
            printf("%5d",a[i][j]);
        printf("\n");
    }
}
```

运行结果如图 6.5 所示。

图 6.5 【例 6.3】的运行结果

本程序先定义了一个二维数组，再使用双层循环向二维数组中输入值，使用外循环控制行下标，使用内循环控制列下标。在输出二维数组时，为了更好地体现二维数组的二维特征，采用按行输出的形式。

6.2.4 二维数组的精选示例

【例 6.4】某电影院为了方便观众购票，及时反映上座情况，使用矩阵的形式显示座位卖出情况，求上座率。

程序代码如下：

```
#include <stdio.h>
#define M 4                    /*定义电影院座位的行数*/
#define N 5                    /*定义电影院座位的列数*/
int main(void)
{
    int a[M][N]={{0,1,1,0,0},{1,1,0,0,0},{1,1,1,1,0},{0,0,0,0,1}};
    int i,j,n=0;               /*n用于存放已卖出座位数*/

    /* 输出上座情况*/
    printf("上座情况：1 表示卖出，0 表示未卖出\n");
    for(i=0;i<M;i++)
    {
        for(j=0;j<N;j++)
        {
            printf("%5d",a[i][j]);
            n+=a[i][j];          /*统计已卖出座位数*/
```

```
        }
        printf("\n");
    }
    printf("上座率:%.2f%%\n",(float)n/(M*N)*100);
}
```

运行结果如图 6.6 所示。

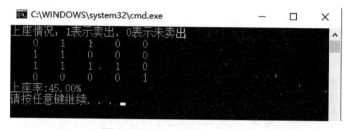

图 6.6 【例 6.4】的运行结果

由于电影院的座位位置由几排和几座两个数据确定，因此使用二维数组来处理比较合理。每个座位的卖出情况（即上座情况）有两个：卖出和未卖出，分别用 1 和 0 两个数字模拟。因此，可以定义一个二维整型数组，数组元素取值为 1 或 0。为了让观众直观地看到上座情况，按行输出二维数组。上座率=已卖出座位数/总座位数，已卖出座位数=二维数组元素的值为 1 的个数，总座位数=二维数组元素总数。

【例 6.5】输入一个日期，输出该日期是这一年中的第几天。

程序代码如下：

```
#include <stdio.h>
int main(void)
{
    /*初始化数组，存放每月天数*/
    int m[][13]={{0,31,28,31,30,31,30,31,31,30,31,30,31},
{0,31,29,31,30,31,30,31,31,30,31,30,31}};
    int year,month,day,j,leap;
    /*输入日期*/
    printf("请输入日期(yyyy-mm-dd):");
    scanf("%d-%d-%d",&year,&month,&day);

    leap=year%4==0 && year%100!=0 || year%400==0;/*若为闰年，则 leap 的值为 1，否则
leap 的值为 0*/
    /*当 leap 的值为 1 时，m[leap][j]表示闰年第 j 月的天数；当 leap 的值为 0 时，m[leap][j]
表示平年第 j 月的天数*/
    for(j=0;j<month;j++)
        day+=m[leap][j];
    printf("该日期是本年的第%d 天\n",day);
}
```

运行结果如图 6.7 所示。

图 6.7　【例 6.5】的运行结果

闰年的二月份有 29 天，平年的二月份有 28 天，可以将每个月的天数存放在一个二维数组中，第一行用于存放平年每月的天数，第二行用于存放闰年每月的天数。累加该日期前完整月的天数，并加上本月到该日期为止的天数，就表示该日期是这一年中的第几天。

6.3　字符数组与字符串

元素的数据类型为字符型的数组被称为字符数组。和数值型数组一样，字符数组也分为一维数组、二维数组和多维数组。字符串是 C 语言中一种常用的数据形式。而 C 语言中没有字符串型变量，即不能使用简单变量来存放字符串。对字符串的存储、处理常使用字符数组来实现。下面将介绍字符串的存储、字符数组的定义和初始化、字符数组的基本操作、字符串处理函数，以及字符数组的精选示例。

6.3.1　字符串的存储

字符串是使用双引号引起来的以'\0'结束的字符序列，其中的字符可以包含字母、数字、转义字符、汉字（一个汉字占 2 字节），以及其他字符。例如，"Good！""welcome""C 语言程序设计"等都为字符串。字符串中字符的个数被称为该字符串的长度（不包括'\0'）。

C 语言规定，对于程序中出现的每个字符串，系统都将为其分配连续的存储单元，该存储单元的个数等于字符串的长度加 1。例如，字符串 welcome 在内存中占用 sizeof("welcome")=8 个存储单元。字符串 welcome 在内存中的存储形式如图 6.8 所示。

w	e	l	c	o	m	e	\0

图 6.8　字符串 welcome 在内存中的存储形式

在对字符串进行存储时，需要注意以下几点。

（1）在书写字符串时不必添加'\0'，'\0'是系统自动添加的。在输出时，也不输出'\0'，'\0'只是一个字符串结束标志。例如：

```
printf("welcome");
```

在执行 printf 函数时，每次先判断当前输出字符是否为'\0'。若为'\0'，则停止输出，否则继续输出，取下一个字符。因此，上述语句的执行结果为 welcome。

（2）在计算字符串的长度时，转义字符只作为一个字符。例如，字符串 ab\141c 的长度是 4，等同于字符串 abac 的长度。

（3）必须对字符串中出现的英文双引号进行转义，如 Is it \"true\"?。

（4）由于""是空串，表示一个字符也没有，因此它的长度为 0；"　　　"是空格串，表示这个字符串由若干个空格组成，其中包含的空格数就是这个字符串的长度。

6.3.2 字符数组的定义和初始化

1. 字符数组的定义

字符数组是元素的数据类型为字符型的数组。字符数组的定义与数值型数组的定义相同。字符数组的定义的一般形式如下：

```
char 数组名[元素个数1][元素个数2]…[元素个数n];
```

例如：

```
char str1[10];          /*定义一个有10个元素的一维字符数组*/
char str2[10][80];      /*定义一个有800个元素的二维字符数组*/
```

2. 字符数组的初始化

可以使用字符和字符串两种方式初始化字符数组。

1）使用字符初始化字符数组

使用字符初始化字符数组和初始化数值型数组的方式没有任何区别。例如：

```
char str1[7]={'w','e','l','c','o','m','e'};    /*逐个初始化一维数组的全部元素*/
char str2[10]= {'w','e','l','c','o','m','e'};   /*初始化部分元素*/
char str3[]={'w','e','l','c','o','m','e'};      /*默认初始化，数组的长度为7*/
char str4[2][3]={{'w','e','b'},{'l','a','b'}};  /*逐个初始化二维数组的全部元素*/
char str5[5][10]= {{'w','e','b'},{'l','a','b'}}; /*初始化部分元素*/
char str6[][80]= {{'w','e','b'},{'l','a','b'}}; /*默认初始化，数组的长度为160*/
```

2）使用字符串初始化字符数组

例如，下面使用字符串初始化字符数组的语句都是合规的。

```
char str1[8]={"welcome"};
char str2[8]="welcome";
char str3[ ]="welcome";
char str4[10]="welcome";
```

虽然在使用字符串初始化字符数组时，可以省略大括号，但应注意，下面的操作都是不合规的。

```
char str1[7]={"welcome"};      /*数组的长度等于字符串的长度加1*/
char str2[8];
str2="welcome";                /*str是字符数组名，是常量*/
```

6.3.3 字符数组的基本操作

字符数组在定义后就可以进行赋值、输入和输出等基本操作了。同数值型数组一样，可以通过对每个数组元素分别进行这些基本操作来完成对字符数组进行这些基本操作。字符数组还可以通过自己特有的方式来完成这些基本操作。

在对字符数组赋值时，不能使用赋值语句将一个字符串直接赋给一个字符数组，而只能在定义字符数组时进行初始化，或通过 gets、scanf、strcpy 等函数为字符数组提供字符串，这些函数在后面将一一介绍。例如，下面的操作都是不合规的。

```
char str[20];
str="How are you!";          /*不合规，这是因为 str 是字符数组名，是常量*/
str[20]="How are you!";      /*不合规，这是因为 str[20]是单个元素而不是整个数组 */
```

可以使用以下 3 种方法完成字符数组的输入和输出。

1）使用%c 将字符逐个输入和输出

（1）输入。

例如：

```
char str[10];
int i;
for(i=0;i<10;i++)
    scanf("%c",&str[i]);
```

在使用%c 向字符数组 str 中逐个输入字符时，必须输入 10 个或 10 个以上的字符并以回车换行符作为输入结束标志。由于系统将输入的字符串的前 10 个字符按顺序赋给字符数组 str 的各元素，因此使用这种方式向字符数组逐个输入的字符中是没有'\0'的。

（2）输出。

例如：

```
char str[10]="welcome\0a";
int i;
for(i=0;i<10;i++)
    printf("%c",str[i]);
printf("%c",'b');
```

本程序的功能是使用%c 将字符数组 str 中的字符逐个输出，直到字符数组的最后一个字符被输出后结束。

输出结果如下：

```
welcome a b
```

2）使用%s 将整个字符串一次输入和输出

（1）输入。

例如：

```
char str[10];
scanf("%s",str);
```

因为数组名代表了字符数组的首地址，所以在 scanf 函数中使用%s 输入字符串时，输入项直接使用数组名，而不需要添加 "&"。在具体输入时，应直接通过键盘输入字符串并以回车换行符作为输入结束标志。系统将输入的字符串中的各个字符按顺序赋给字符数组的各元素，直到遇到回车换行符、水平制表符或空格符为止，并自动在字符串末尾补上'\0'.

例如，若输入：

```
Welcome to c world!
```

则字符数组 str 中的内容为：

```
Welcome\0
```

字符数组 str 在内存中的存储形式如图 6.9 所示。

str[0]	str[1]	str[2]	str[3]	str[4]	str[5]	str[6]	str[7]	str[8]	str[9]
W	e	l	c	o	m	e	\0		

图 6.9　字符数组 str 在内存中的存储形式

（2）输出。

例如：

```
char str[10]="welcome";
printf("%s",str);
```

在 printf 函数中使用%s 输出字符串时，输出项直接使用数组名，系统从字符数组的第一个字符开始将字符逐个输出，直到遇到第一个'\0'为止（其后即使还有字符也不输出）。

3）使用 gets 函数将整个字符串一次输入，使用 puts 函数将整个字符串一次输出

由于 gets 函数和 puts 函数的原型在 stdio.h 文件中说明，因此在使用这两个函数时，必须在程序前加上以下编译预处理命令。

```
#include <stdio.h>
```

（1）输入。

使用 gets 函数可以将整个字符串一次输入。调用 gets 函数的一般形式如下：

```
gets(字符数组)
```

gets 函数的功能是通过键盘读入一个字符串到字符数组中，并自动在末尾添加'\0'。在输入字符串时以回车换行符作为输入结束标志。使用这种方式可以读入包含空格的字符串。

例如：

```
char str[20];
gets(str);
```

若输入的字符串为：

```
Welcome to c world!
```

则字符数组 str 中的内容为：

```
Welcome to c world!\0
```

（2）输出。

使用 puts 函数可以将整个字符串一次输出。调用 puts 函数的一般形式如下：

```
puts(字符数组)
```

puts 函数的功能是将字符数组中的字符逐个输出，直到遇到第一个'\0'为止，同时换行。因此，在使用 puts 函数输出字符串时，不必另外添加'\n'。

【例 6.6】把一个字符串中的所有小写字母转换成大写字母，其他字符不变，将结果保存在原来的字符串中。

程序代码如下：

```
#include <stdio.h>
#define N 81
int main(void)
{
    int j=0;
    char str[N];
    printf("请输入字符串: ");
    gets(str);
    while(str[j])
    {
        if(str[j]>='a'&&str[j]<='z')
            str[j]=str[j]-32;
        j++;
    }
    printf("新字符串为: ");
    puts(str);
}
```

运行结果如图 6.10 所示。

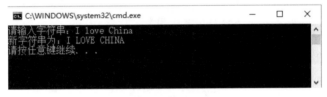

图 6.10 【例 6.6】的运行结果

可以使用字符数组来保存字符串，字符数组要足够大，至少要大于输入时的一行字符数（运行界面中每行最多允许输入 80 个字符）。在输入的字符串中如果包括空格，那么必须调用 gets 函数。遍历字符串中的每个字符，判断其是否为小写字母，若为小写字母则将其转换成大写字母，否则保持不变，直到碰到'\0'为止。

6.3.4 字符串处理函数

C 语言没有提供对字符串进行整体操作的运算符，但在 C 语言的库函数中提供了一些用来处理字符串的函数，可以通过调用这些函数实现字符串的赋值、合并和比较等运算。在使用这些函数时，必须在程序前加上以下编译预处理命令。

```
#include <string.h>
```

下面介绍一些常用的字符串处理函数。

1. 字符串复制函数 strcpy

调用 strcpy 函数的一般形式如下：

```
strcpy(字符数组1,字符数组2)
```

或

```
strcpy(字符数组 1,字符串)
```

strcpy 函数的功能是逐个把字符数组 2 或字符串中的字符复制到字符数组 1 中，直到遇到'\0'为止，并将'\0'一起复制到字符数组 1 中。其中，字符数组 1、字符数组 2 必须是字符数组名。函数调用成功后，返回字符数组 1。

例如：

```
char str1[11]="I love you",str2[10]="Hello";
strcpy(str1,str2);
puts(str1);
puts(str2);
```

运行本程序后，字符数组 str2 中的内容保持不变，仍然为 Hello\0，而字符数组 str1 中的内容为 Hello\0 you\0，如图 6.11 所示。

H	e	l	l	o	\0		y	o	u	\0

图 6.11　字符数组 str1 在内存中的存储形式

输出结果如下：

```
Hello
Hello
```

2. 字符串连接函数 strcat

调用 strcat 函数的一般形式如下：

```
strcat(字符数组 1,字符数组 2)
```

或

```
strcat(字符数组 1,字符串)
```

strcat 函数的功能是将字符数组 2 或字符串中从第一个字符开始到第一个'\0'（包括'\0'）为止的字符序列连接到字符数组 1 中从第一个'\0'开始的位置上，连接后的新字符放在字符数组 1 中。函数调用成功后，返回字符数组 1。

例如：

```
char str1[20]="How \0are you",str2[]="Hello\0bcd";
strcat(str1,str2);
puts(str1);
puts(str2);
```

字符数组 str1、str2 连接前和连接后的内容如图 6.12 所示。

str1: | H | o | w | | \0 | a | r | e | | y | o | u | \0 | \0 | \0 | \0 | \0 | \0 | \0 | \0 |

str2: | H | e | l | l | o | \0 | b | c | d | \0 |

（a）连接前

str1: | H | o | w | | H | e | l | l | o | \0 | o | u | \0 | \0 | \0 | \0 | \0 | \0 | \0 | \0 |

str2: | H | e | l | l | o | \0 | b | c | d | \0 |

（b）连接后

图 6.12　字符数组 str1、str2 连接前和连接后的内容

输出结果如下：

```
How Hello
Hello
```

3．字符串比较函数 strcmp

调用 strcmp 函数的一般形式如下：

```
strcmp(字符数组 1,字符数组 2)
```

或

```
strcmp(字符串 1,字符串 2)
```

strcmp 函数的功能是比较字符数组 1 和字符数组 2 中字符串的大小。比较规则是将两个字符数组中的字符串从左至右取对应位置的字符进行比较（按 ASCII 码值的大小比较），直到出现不同的字符或遇到'\0'为止。若两个字符串相等，则函数的返回值为 0；否则函数的返回值为两个字符串第一次出现不同的两个字符的 ASCII 码值之差。若字符数组 1 中的字符串大于字符数组 2 中的字符串，则函数的返回值为一个正整数；若字符数组 1 中的字符串小于字符数组 2 中的字符串，则函数的返回值为一个负整数。

例如：

```
char str1[20]="How",str2[ ]="Hello";
if(strcmp(str1,str2)>0)
    printf("str1 大于 str2");
else if(strcmp(str1,str2)==0)
    printf("str1 等于 str2");
else
    printf("str1 小于 str2");
```

输出结果如下：

```
str1 大于 str2
```

注意，因为 C 语言没有为字符串提供关系运算符，所以不能使用关系运算符来比较两个字符串的大小。

例如：

```
char str1[]="Hello",str2[]="Hello";
if(str1==str2)
    printf("相等");
else
    printf("不相等");
```

上面的操作只能输出"不相等"，说明两个字符数组中的字符串是不相等的，这与事实是相违背的。

4．字符串长度函数 strlen

调用 strlen 函数的一般形式如下：

```
strlen(字符数组)
```

或

```
strlen(字符串)
```

strlen 函数的功能是求字符数组中的字符串的实际长度（不包括'\0'），即求从左往右数，到第一个'\0'之前的字符序列的个数。strlen 函数的返回值为字符串的实际长度。

例如：

```
char str[10]="How";
int len=strlen(str);
```

其中，变量 len 的值为 3，即字符数组 str 中的字符串的长度为 3。

6.3.5 字符数组的精选示例

【例 6.7】输入一个字符串，统计其中有多少个单词。

程序代码如下：

```
#include <stdio.h>
int main(void)
{
    char str[81];
    int i,num=0,word=0;
    gets(str);                    /*输入字符串*/
    for(i=0;str[i]!='\0';i++)     /*处理字符串*/
        if(str[i]==' ')           /*当前字符为空格*/
            word=0;
        else if(word==0)          /*当前字符为非空格，且前一个字符为空格*/
        {
            word=1;
            num++;
        }
    printf("该字符串中的单词数为: %d \n",num);
}
```

运行结果如图 6.13 所示。

图 6.13 【例 6.7】的运行结果

单词之间使用空格分隔，字符串中的某个字符为非空格，且它前面的字符是空格，表示一个新单词开始了，存放单词数的变量 num 的值加 1。如果字符串中的某个字符为非空格，它前面的字符也为非空格，那么该字符与前一个字符处于同一个单词中，单词数不变。前一个字符是否为空格，使用变量 word 来表示。变量 word 的值为 0，表示前一个字符为空格；变量 word 的值为 1，表示前一个字符为非空格。

【例 6.8】请将下列给出的城市名称按升序排列：New York、Los Angeles、Boston、Huston、Atlanta、Chicago、Denver、Miami。

程序代码如下：

```
#include <stdio.h>
#include <string.h>
int main(void)
{
    char city[8][20]={"New York","Los Angeles","Boston","Huston",
"Atlanta","Chicago","Denver","Miami"};
    char temp[20];
    int i,j;

    /*冒泡排序法*/
    for(i=0;i<8-1;i++)
        for(j=0;j<8-i-1;j++)
            if(strcmp(city[j],city[j+1])>0)
            {
                strcpy(temp,city[j]);
                strcpy(city[j],city[j+1]);
                strcpy(city[j+1],temp);
            }

    printf("城市名称排序后：\n");
    for(i=0;i<8;i++)
        puts(city[i]);
}
```

运行结果如图 6.14 所示。

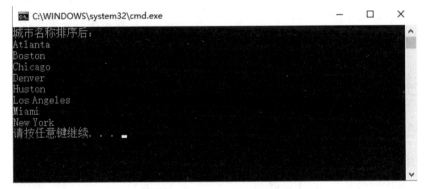

图 6.14 【例 6.8】的运行结果

一个一维字符数组中可以存放一个字符串，若有若干个字符串则可以使用一个二维字符数组来存放。一个 $n×m$ 的二维字符数组可以理解为由 n 个一维数组组成，可以存放 n 个字符串，每个字符串的最多字符个数为 $m-1$，因为最后还要存放'\0'，所以可以定义一个二维字符数组 city（8 行 20 列）用于存放城市名称，city[i]表示第 i 字符串。

将城市名称按升序排列，可以采用冒泡排序法。其基本思想是将相邻两个元素进行比较，若前者大于后者则交换。在将相邻两个字符串进行比较时，只能借助 strcmp 函数，调用 strcmp 函数的一般形式为 strcmp(city[i],city[i+1])。要将两个字符串进行交换，应引入一个临时字符串 temp，使用 3 个赋值语句完成，而字符串之间的赋值只能借助 strcpy 函数完成。

本章小结

在程序设计中，为了方便处理数据把具有相同数据类型的若干个变量按有序的形式组织起来，称为数组。数组是具有相同数据类型元素的有序集合。同一个数组中的所有元素都具有相同的数据类型，同时所有元素在内存中的地址是连续的。在通常情况下，数组元素下标的个数也称维数，根据维数的不同，可以将数组分为一维数组、二维数组、三维数组、四维数组等。一般也可以将二维及二维以上的数组称为多维数组。

数组名不能与其他变量名相同。在同一个作用域内，数组名是唯一的。在定义数组时，中括号内最好是常量。在使用数组时，中括号内既可以是常量，又可以是变量。全局数组若不初始化，则系统会将其初始化为 0。局部数组若不初始化，则内容为随机值。

C 语言中没有字符串型，通常将字符串放在字符数组中。以数字 0（和\0 等价）结尾的字符数组就是一个字符串，而如果一个字符数组没有以数字 0 结尾，那么这个数组就不是一个字符串，只是一个普通的字符数组。因此，字符串是一种特殊的字符数组。

数组名是一个常量，代表第一个数组元素在内存中的首地址。二维数组的第一个数组元素是一个一维数组。

二维数组在概念上是二维的，其下标在两个方向上变化，对其访问一般需要使用两个下标。在内存中并不存在二维数组。二维数组实际的硬件存储器是连续编址的，也就是说，在内存中只有一维数组，即放入一行后顺次放入下一行。

课后习题

一、选择题

1. 若有定义 int a[10];，则数组元素 a 的正确引用是（　　）。

    A．a[10]　　　　　　　B．[3.5]　　　　　　　C．a(5)　　　　　　　D．a[10-10]

2. 若有以下语句，则正确的描述是（　　）。

```
char x[]="12345";
char y[]={'1','2','3','4','5'};
```

    A．数组 x 的长度和数组 y 的长度相同

    B．数组 x 的长度大于数组 y 的长度

C．数组 x 的长度小于数组 y 的长度

D．数组 x 等价于数组 y

3．以下能正确定义数组并正确赋初值的是（　　）。

A．int N=5,a[N][N];

B．int b[1][2]={{1},{2}};

C．int c[2][]={{1,2},{3,4} };

D．int d[3][2]={{1,2},{3,4}};

4．以下程序的运行结果是（　　）。

```
char ch[5]={'a','b','\0','c','\0'};
printf("%s",ch);
```

A．a

B．b

C．ab

D．abc

5．要判断字符串 s1 是否大于字符串 s2，应当使用（　　）。

A．if(s1>s2)

B．if(strcmp(s1,s2))

C．if(strcmp(s2,s1)>0)

D．if(strcmp(s1,s2)>0)

二、程序填空题

1．以下的程序的功能是求矩阵 a 与 b 的和，将结果存入矩阵 c 中，并按矩阵的形式输出。请在_____内填入正确的内容。

```
#include <stdio.h>
int main(void)
{
int a[3][4]={{3,-2,7,5},{1,0,4,-3},{6,8,0,2}};
int b[3][4]={{-2,0,1,4},{5,-1,7,6},{6,8,0,2}};
int i,j,c[3][4];
for(i=0;i<3;i++)
for(j=0;j<4;j++)
c[i][j]=_____;
for(i=0;i<3;i++)
{
for(j=0;j<4;j++)
printf("%3d",c[i][j]);
_____;
}
}
```

2．以下程序的功能是通过键盘输入若干个学生的成绩，统计平均分，并输出低于平均分的学生成绩，在输入负数时结束输入。请在_____内填入正确的内容。

```
#include <stdio.h>
int main(void)
{
    float x[1000],sum=0.0,ave,a;
    int n=0,i;
    printf("请输入成绩: \n");
```

```
    scanf("%f",&a);
    while(a>=0.0&& n<1000)
    {
        sum+_____;
        x[n]=a;
        n++;
        scanf("%f",&a);
    }
    ave=_____;
    printf("平均分为%f\n",ave);
    for(i=0;i<n;i++)
        if(_____) printf("%g\n",x[i]);
}
```

3. 以下程序的功能是将字符数组 a 中下标为偶数的元素从小到大排列，其他元素的排列顺序不变。请在_____内填入正确的内容。

```
#include <stdio.h>
#include <string.h>
int main(void)
{
    char a[]="clanguage",t;
    int i,j,k;
    k=strlen(a);
    for(i=0;i<=k-2;i+=2)
        for(j=i+2;j<=k;_____)
            if(_____)
            {
                t=a[i]; a[i]=a[j]; a[j]=t;
            }
    printf("%s\n",a);
}
```

三、程序阅读题

1. 以下程序的运行结果是（   ）。

```
#include <stdio.h>
#include <string.h>
int main(void)
{
    char arr[2][4];
    strcpy(arr[0],"you");
    strcpy(arr[1],"me");
    arr[0][3]='&';
    printf("%s\n",arr);
}
```

2. 以下程序的运行结果是（　　　　）。

```c
#include <stdio.h>
#include <string.h>
int main(void)
{
    char a[10]={'a','b','c','d','\0','f','g','h','\0'};
    int i,j;
    i=sizeof(a);
    j=strlen(a);
    printf("%d,%d\n",i,j);
}
```

3. 若通过键盘输入 AhaMA　Aha✓，则以下程序的运行结果是（　　　　）。

```c
#include <stdio.h>
int main(void)
{
    char s[81],c='a';
    int i=0;
    scanf("%s",s);
    while(s[i]!='\0')
    {
        if(s[i]==c) s[i]=s[i]-32;
        else if(s[i]==c-32) s[i]=s[i]+32;
        i++;
    }
    puts(s);
}
```

4. 若通过键盘输入 ABC，则以下程序的运行结果是（　　　　）。

```c
#include <stdio.h>
#include <string.h>
int main(void)
{
    char ss[10]="1,2,3,4,5";
    gets(ss);
    strcat(ss,"6789");
    printf("%s\n",ss);
}
```

5. 以下程序的运行结果是（　　　　）。

```c
#include <stdio.h>
int main(void)
{
    int i,n[]={0,0,0,0,0};
    for(i=1;i<=4;i++)
    {
        n[i]=n[i-1]*2+1;
```

```
        printf("%d",n[i]);
    }
}
```

6. 以下程序的运行结果是（　　　）。

```
#include <stdio.h>
int main(void)
{
    int a[3][3]={{1,2},{3,4},{5,6}},i,j,s=0;
    for(i=1;i<3;i++)
        for(j=0;j<i;j++)
            s+=a[i][j];
    printf("%d\n",s);
}
```

7. 以下程序的运行结果是（　　　）。

```
#include <stdio.h>
int main(void)
{
    char ch[7]={"12ac56"};
    int i,s=0;
    for(i=0;ch[i]>='0' && ch[i]<='9';i+=2)
        s=10*s+ch[i]-'0';
    printf("%d\n",s);
}
```

8. 以下程序的运行结果是（　　　）。

```
#include <stdio.h>
int main(void)
{
    char str[][10]={"Mon","Tue","Wed","Thu","Fri","sat","Sun"};
    int n=0,i;
    for(i=0;i<7;i++)
        if(str[i][0]=='T') n++;
    printf("%d\n",n);
}
```

9. 以下程序的运行结果是（　　　）。

```
#include <stdio.h>
int main(void)
{
    int a[3][3]={{1,2,9},{3,4,8},{5,6,7}},i,s=0;
    for(i=0;i<3;i++)
        s+=a[i][i]+a[i][3-i-1];
    printf("%d\n",s);
}
```

10．以下程序的运行结果是（　　　）。

```c
#include <stdio.h>
int main(void)
{
    int num[10]={1,0,0,0,0,0,0,0,0,0};
    int i,j;
    for(j=0;j<10;++j)
        for(i=0;i<j;++i)
            num[j]=num[j]+num[i];
    for(j=0;j<10;j++)
        printf("%d",num[j]);
}
```

四、编程题

1．输入字符串 str1 和 str2，将字符串 str2 倒置后接在字符串 str1 的后面。例如，str1="How do"，str2="?od uoy"，结果输出"How do you do?"。

2．找出 100～n（n 不大于 1000）范围内百位数字加十位数字等于个位数字的所有整数，把这些整数放在数组中，并以每行 5 个的形式输出。

3．求数列 1,3,3,3,5,5,5,5,5,7,7,7,7,7,7,7……的第 40 项。

第7章

函数及编译预处理

一般来说，在处理复杂问题时把复杂问题分解成许多容易解决的小问题，复杂问题就容易解决了。要设计比较复杂的程序，一般采用的方法是，把问题分成几部分，把每部分分成更细的若干小部分，逐步细化，直至分解成很容易解决的小问题。模块化程序设计的结构如图 7.1 所示。

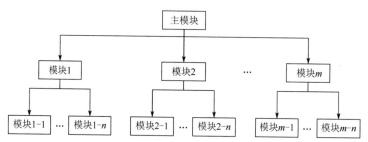

图 7.1　模块化程序设计的结构

模块的功能是由函数实现的。一般来说，使用函数的主要目的是实现模块化及代码复用。例如，可以反复使用 C 语言提供的库函数，这样可以大大减轻编程的工作量，提高工作效率。

习近平在中国共产党第二十次全国代表大会上的报告中指出："——我们以巨大的政治勇气全面深化改革，打响改革攻坚战，加强改革顶层设计，敢于突进深水区，敢于啃硬骨头，敢于涉险滩，敢于面对新矛盾新挑战，冲破思想观念束缚，突破利益固化藩篱，坚决破除各方面体制机制弊端，各领域基础性制度框架基本建立，许多领域实现历史性变革、系统性重塑、整体性重构，新一轮党和国家机构改革全面完成，中国特色社会主义制度更加成熟更加定型，国家治理体系和治理能力现代化水平明显提高。"

程序设计亦是如此。在 C 语言中，程序由函数构成，可以调用函数。程序员要做的一个重要工作就是进行函数顶层设计，包括划分模块，实现高类聚低耦合。同时，程序员也要勇于冲破传统函数设计思路，采用新设计模式，达到系统性重塑的目的，以进一步提高计算机系统的工作效率。

本章将重点介绍函数的定义、调用和声明。

7.1 函数概述

从用户的使用角度来看，C 语言中的函数有两种，即库函数和自定义函数。库函数由系统定义，用户可以直接使用它们。自定义函数是解决用户特定需求的函数，由用户自行定义。

7.1.1 库函数

系统将一些常用的操作或计算定义成函数，以实现特定的功能，这些函数被称为库函数，被放在指定的头文件中，供用户使用。

在前面的章节中，已经多次使用过一些库函数，如 printf 函数和 scanf 函数。使用库函数就是调用库函数。C 语言的强大功能在很大程度上依赖于其丰富的库函数。库函数按功能可以分为数学函数、字符操作函数、字符串函数、文件管理函数等。

1. 包含文件

由于库函数分别被放在不同的头文件中，因此要调用这些库函数，必须在程序中使用编译预处理命令把相应的头文件包含到程序中。

例如，要进行输入或输出，必须在程序中使用以下语句。

```
#include <stdio.h>
```

2. 调用库函数

调用库函数的一般形式如下：

```
库函数名(实参表达式 1,实参表达式 2,…)
```

其中，实参表达式可以是常量、变量、函数或表达式。

例如：

```
int a = 1,b = -2,c = 0,d=0;
c=max(a,3-b);          /*max 函数的实参为 a 和 3-b，c 被赋值为 5*/
d=max(max(a,b),c);     /* max 函数的实参为 max(a,b)和 c，d 被赋值为 5*/
```

在 C 语言中，调用库函数有以下两种方法。

（1）在表达式中调用。例如：

```
i=strlen("Hello")
```

（2）作为单独的语句完成某种操作。例如：

```
printf("%d\n",i);
```

【例 7.1】计算 $e^x + e^{2x} + \cdots + e^{nx}$。

程序代码如下：

```
#include <math.h>
#include <stdio.h>
```

```
#define N 5
int main(void)
{
    double s=0,x;
    int i=0;
    scanf("%lf",&x);
    for(i=1;i<=N;i++)
        s+=exp(i*x);
    printf("s=%5.2f\n",s);
}
```

运行结果如图 7.2 所示。

图 7.2 【例 7.1】的运行结果

由于在 math.h 文件中提供了计算 e^x 的库函数 exp，因此不必再增加复杂的程序来计算 e^x，这样可以使程序结构清晰，具有良好的可读性。

7.1.2 自定义函数

用户除可以使用系统提供的库函数外，也可以自定义函数，以完成指定的功能。图 7.3 所示为一个五边形。已知该五边形的边 a、b、c、d、e 的边长及对角连线 f、g 的长度，计算该五边形的面积。显然，可以将该五边形分解成三角形 S1、S2、S3，通过分别计算这 3 个三角形的面积可以计算五边形的面积。由于在编写程序时，将多次出现计算三角形面积的操作，而库函数中没有提供计算三角形面积的函数，因此用户可以自定义计算三角形面积的函数。凡在程序中有计算三角形面积的操作，都可以像调用库函数一样操作，经过 3 次调用计算三角形面积的函数，可以完成五边形面积的计算。这样可以使整个程序结构清晰，具有良好的可读性。

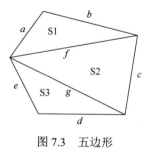

图 7.3 五边形

7.1.3 C 语言程序的构成

C 语言程序是由若干个函数构成的，其中必须有唯一一个主函数，主函数名为 main。

无论主函数位于程序中的什么位置，程序都从主函数开始。每个函数都可以继续调用其他函数，或被其他函数调用（除主函数外，即主函数不可被任何函数调用）。函数调用结束后，总是从被调用函数的位置返回到原来调用函数的位置。

　　构成一个 C 语言程序的各函数可以存放在同一个 C 语言源文件中，也可以存放在不同 C 语言源文件中。每个 C 语言源文件都可以单独编译，生成二进制代码的目标程序文件。当所有 C 语言源文件都被编译后，由编译系统提供连接程序，将各目标程序文件中的目标函数和使用到的目标库函数连接并装配成一个可执行程序。

7.2　函数的定义

　　函数的定义指对函数所要完成的功能进行描述，即编写一段程序，使该段程序完成函数所指定的功能。函数的定义的一般形式如下：

```
函数返回值的类型 函数名(类型 形参1,类型 形参2,…)
{
    声明部分
    执行部分
}
```

可以看出，一个函数分为两大部分：函数头和函数体。

1．函数头

函数头包括函数返回值的类型、函数名、形参及其类型。

例如，只要提供三角形的 3 条边 a、b、c 就可以通过以下公式计算出三角形的面积 area。

$$p = (a+b+c)/2$$
$$area = \sqrt{p(p-a)(p-b)(p-c)}$$

area 函数的定义如下：

```
double area(double x,double y,double z)    /*函数头*/
{
    double p,a;
    p=(x+y+z)/2;
    a=sqrt(p*(p-x)*(p-y)*(p-z));           /*sqrt 函数位于math.h文件中*/
    return a;
}
```

（1）函数返回值的类型。

　　函数返回值的类型即函数类型，函数返回值的类型应根据具体函数的功能确定。如前面介绍的 area 函数的功能是计算三角形的面积，调用该函数返回的是三角形的面积，一般为实数，此时函数返回值的类型为双精度型。如果在定义函数时，默认函数返回值的类型，那么系统指定的函数返回值的类型为整型。

　　函数调用后也可以没有返回值，而只是完成一组操作。没有返回值的函数使用 void 作

为类型标识符，void 即"空类型"。所有空类型函数，一旦调用后均没有返回值。例如，以下定义的 printstar 函数只用于输出 10 个"*"，没有返回值。

```
void printstar()
{
    int i;
    for(i=1;i<=10;i++)
        printf("*");
}
```

（2）函数名。

函数名是由用户为函数取的名称，程序中除主函数外，其余函数可以任意命名，但必须符合命名规则。在定义函数时，函数体中不能再出现与函数同名的其他对象名（变量名、数组名等）。

（3）形参及其类型。

形参也称形参变量。形参的个数及类型，是由具体的函数功能决定的。形参名由用户定义。函数可以有形参，也可以没有形参。在定义函数时，如何设置形参是一个重点。对于初学者，可以这样简单地去考虑：需要从函数外部传入函数内部的数据被列为形参。而形参的类型由传入的数据类型决定。例如，要使用 area 函数计算三角形的面积，必须将三角形的 3 条边的边长传入 area 函数。因此，为 area 函数设置 3 个形参，主要用于在计算时存储三角形的 3 条边的边长。而因为边长一般是实数，所以将形参的类型设置成双精度型。

2. 函数体

函数体是用大括号括起来的部分，包括变量的声明部分和执行部分。其中，变量的声明部分一般要放在执行部分的前面。例如：

```
{
    double p=0,a=0;
    p=(x+y+z)/2;
    a=sqrt(p*(p-x)*(p-y)*(p-z)); /*sqrt 位于 math.h 文件中*/
    return a;
}
```

这是计算三角形的面积的函数体，先定义了局部变量 p 和 a，再定义了若干条执行的语句。

如果函数有返回值，那么在程序中必须有 return 语句，一个函数中可以有一个以上的 return 语句。return 语句的一般形式如下：

```
return (表达式);
```

或

```
return 表达式;
```

在执行 return 语句时，应先计算表达式的值，再将该值返回到主调函数中的调用位置。如果函数返回值的类型与 return 语句的表达式的类型不一致，那么以函数返回值的类型为准，返回时自动进行数据转换。

如果函数没有返回值，那么可以没有 return 语句或以 return;结束。

特别要注意，在一个函数的定义中不能包含另一个函数的定义。也就是说，函数不能嵌套定义。

【例 7.2】定义一个函数，求平面上任意两点之间的距离。

程序代码如下：

```
double distance(double x1,double y1,double x2,double y2)
{
    double d;
    d=sqrt((x1-x2)*(x1-x2)+(y1-y2)*(y1-y2));
    return(d);
}
```

在计算平面上任意两点之间的距离时，要先给出这两点。也就是说，distance 函数输入的是点 P1(x1,y1)、P2(x2,y2)，输出的是点 P1 和 P2 的距离 d。因此，distance 函数有 4 个双精度型形参，分别表示点 P1、P2 的坐标。函数返回的是计算结果，即两点之间的距离，选择双精度型作为函数返回值的类型。两点之间的距离 d 可以通过以下公式求得：

$$d = \sqrt{(x1-x2)^2 + (y1-y2)^2}$$

【例 7.3】在屏幕上输出 8 个 "*"。

程序代码如下：

```
void printstar()
{
    int i;
    for(i=0;i<8;i++)
        printf("%c",'*');
    printf("\n");
    return;                /*可以省略*/
}
```

本程序只需完成在屏幕上输出 8 个 "*" 的操作，由于函数不需要外部数据传入参数，同时函数没有返回值，因此函数的返回值为空类型。

7.3　函数的调用和声明

在程序中使用已定义好的函数，被称为函数的调用。如果函数 A 调用函数 B，那么称函数 A 为主调函数，函数 B 为被调函数。如【例 7.1】中，main 函数调用 exp 函数，称 main 函数为主调函数，exp 函数为被调函数。在一般情况下，一个 C 语言程序由一个主函数和多个其他功能的函数构成。主函数能调用其他函数，其他函数不能调用主函数，除主函数外的其他函数也可以相互调用，同一个函数可以被一个或多于一个的函数多次调用。

7.3.1 函数的调用

1．调用函数的一般形式

根据函数有参数和无参数两种不同形式，调用函数可以分为有参调用和无参调用。

函数的有参调用的一般形式如下：

函数名 (实参表达式 1, 实参表达式 2, …)

函数的无参调用的一般形式如下：

函数名 ()

其中，实参可以是常量、变量或表达式。

在进行函数的有参调用时，实参与形参的个数必须相等，类型应一致。若实参与形参的类型不一致，则系统按类型转换原则，自动将实参的类型转换为形参的类型。C 语言程序通过对函数的调用来转移控制，并实现主调函数和被调函数之间的数据传递。也就是说，在调用函数时，自动将实参的值对应传给形参，控制从主调函数的调用位置转移到被调函数的调用位置；在调用结束时，控制转回到主调函数的调用位置，继续执行主调函数的未执行部分。

【例 7.4】输入两个数，通过调用函数计算这两个数的最大值，并将其输出。

程序代码如下：

```c
#include <stdio.h>
double max(double x,double y)      /*定义求两个数的最大值函数*/
{
    return (x>y?x:y);              /*返回最大值*/
}
int main(void)
{
    double a,b,m;
    scanf("%lf%lf",&a,&b);
    m=max(a,b);
    printf("最大值是%lf\n",m);
}
```

运行结果如图 7.4 所示。

图 7.4 【例 7.4】的运行结果

首先，定义求两个数的最大值函数 max，形参有两个，均为双精度型，函数返回一个最大值，也为双精度型；其次，输入两个双精度型数据；最后，调用 max 函数计算这个数的最大值并将其输出。

本示例的执行过程如图 7.5 所示。

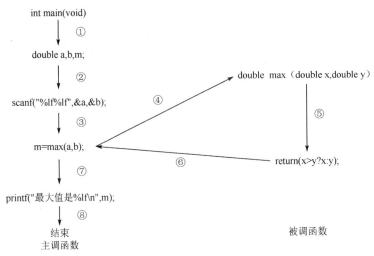

图 7.5　【例 7.4】的执行过程

【例 7.5】定义能够判断整数是否为素数的函数，求 2～100 内的所有素数，将其按每行 8 个进行输出。

程序代码如下：

```c
#include <stdio.h>
#include <math.h>
int isprime(int n)                /*定义判断整数n是否为素数的函数*/
{
    int i;
    for(i=2;i<=sqrt(n);i++)
        if(n%i==0)
    return 0;                      /*整数n不是素数*/
    return 1;                      /*整数n是素数*/
}
int main(void)
{
    int k,n=0;
    for(k=2;k<=100;k++)
        if(isprime(k)==1)
        {
            printf("%5d",k);
            n++;
            if(n%8==0) printf("\n");
        }
    printf("\n");
}
```

运行结果如图 7.6 所示。

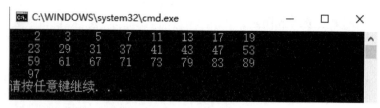

图 7.6 【例 7.5】的运行结果

定义能够判断整数 n 是否为素数的函数,函数的形参是整数 n,当函数的返回值为 1 和 0 时,分别表示整数 n 是素数和不是素数。判断整数 n 是否为素数,如果整数 n 能被 2~$\sqrt{n}$ 内的某个整数整除,那么整数 n 不是素数。

2. 调用函数的方式

1）表达式方式

调用的函数出现在一个表达式中。这类函数必须有返回值,参加表达式运算。例如,【例 7.4】中调用的函数 max（a,b）出现在赋值表达式中,以及【例 7.5】中调用的函数 isprime（k）出现在 if 语句的表达式中。

2）参数方式

调用的函数的返回值作为另一个函数调用的实参。例如,要求 a、b、c 三个数的最大值,可以调用 max(a,max(b,c)),其中调用的函数 max(b,c)的返回值又作为外层函数调用的实参。

3）语句方式

函数的调用作为一个独立的语句。这种方式一般用于只要求函数完成一定的操作,丢弃函数的返回值或函数本身没有返回值的情况。例如,scanf 函数和 printf 函数的调用。

7.3.2 函数的声明

函数的声明也称函数原型声明。在 C 语言中,自定义函数要遵循"先定义,后调用"的规则。如果遵循了此规则,那么函数的声明可以省略,否则在程序中把函数的定义放在函数的调用之后,必须在调用函数之前对函数进行声明。其功能是使 C 语言的编译系统在编译时进行有效的类型检查。在进行函数的调用时,若实参的个数与形参的个数不同,或者实参的类型与形参的类型不能赋值兼容,则编译系统会报错。

函数的声明的一般形式如下:

```
函数返回值的类型 函数名(类型 形参1,类型 形参2,…);
```

或

```
函数返回值的类型 函数名(类型,类型,…);
```

通过函数声明语句,向编译系统提供被调函数的信息,包括函数返回值的类型、函数名、各参数类型。编译系统以此与函数调用语句进行核对,检验函数调用语句是否正确。如果在调用函数时,实参的类型与形参的类型不完全一致,那么编译系统自动先转换实参的类型,再将其传递给形参。

声明函数的位置可以是调用函数之前的任意位置，既可在主调函数中，如：

```
void fun1()
{
    …
    int sum(int,int);        /*函数的声明*/
    …
    c=sum(a,b);              /*函数的调用*/
    …
}
int sum(int a,int b)         /*函数的定义*/
{
    return a+b;
}
```

又可以在主调函数外，如：

```
int sum(int,int);            /*函数的声明*/
void fun1()
{
    …
    c=sum(a,b);              /*函数的调用*/
    …
}
int sum(int a,int b)         /*函数的定义*/
{
    return a+b;
}
```

此外，也可以把函数的声明写到一个文件中，使用预编译命令把它包含到程序中。由于它在主调函数的定义之前，因此它同样起到了向编译系统提供被调函数信息的作用。

7.3.3　参数的传递

在调用有参数函数时，存在一个实参与形参的数据传递。在函数未被调用时，形参并不占用实际的存储单元，也没有实际值。只有当函数被调用时，系统才为形参分配存储单元，并完成实参与形参的数据传递。函数调用的整个执行过程可以分成 4 个步骤。

步骤 1：创建形参，为每个形参分配存储单元。

步骤 2：进行值传递。

步骤 3：执行函数体中的语句。

步骤 4：返回函数值、返回调用位置、撤销形参。

其中，步骤 2 用于实现把实参的值传递给形参。虽然在调用函数时，都是把实参的值复制给形参，但是不同的实参的值对主调函数、被调函数的影响不尽相同。C 语言中函数之间参数的传递有两种方式，一种是传值（传递基本类型数据、结构体类型数据等，而非地址数据）；另一种是传地址（传递存储单元的地址）。

1. 传值

传值，即在调用函数时实参的值是基本类型数据、结构体类型数据等。实参可以是常量、变量或表达式，其值可以是整型、实型、字符型或数组元素等数据而不可以是数组名或指针等数据。在调用函数时，应先为形参分配独立的存储单元，同时将实参的值赋给形参。因此，对形参进行的任何改变都不会改变实参的值。

【例7.6】求末尾非 0 的正整数的逆序数，如 reverse(10245)=54201。

程序代码如下：

```c
#include <stdio.h>
int main(void)
{
    long reverse(long);      /*函数的声明*/
    long a;
    printf("请输入一个末尾非 0 的正整数: ");
    scanf("%ld",&a);
    printf("调用 reverse 函数前: a=%ld\n",a);
    printf("%ld 的逆序数是: %ld\n",a,reverse(a));
    printf("调用 reverse 函数后: a=%ld\n",a);
}
long reverse(long n)        /*定义求 n 的逆序数的函数*/
{
    long m=0;
    while(n)                 /*从右向左依次取 n 的各个数位上的数组成逆序数 m*/
    {
        m=m*10+n%10;
        n/=10;
    }
    return m;
}
```

运行结果如图 7.7 所示。

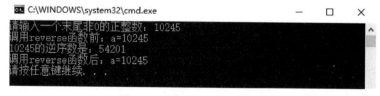

图 7.7 【例 7.6】的运行结果

要求一个末尾非 0 的正整数 n 的逆序数 m，应先从右向左依次取 n 的各个数位上的数，再将这些数组成逆序数 m。

本程序在调用 reverse 函数时，将实参 a 的值 10245 传递给形参 n，在执行 reverse 函数时，形参 n 的值不断改变，最终变成 0，但实参 a 的值并没有随之改变。形参和实参各自是独立的变量，占用不同的存储单元，在 reverse 函数中对形参的更新，只对形参本身进行，与实参无关。无论形参名与实参名是否相同，都不影响实参的值。

【例 7.7】观察下面的 swap 函数，判断能否实现主调函数中两个变量的值的交换。

程序代码如下：

```c
#include <stdio.h>
int main(void)
{
    double x=4.5,y=7.3;
    void swap(double,double);              /*swap 函数的声明*/
    printf("交换前: x=%.2lf  y=%.2lf\n",x,y);
    swap(x,y);
    printf("交换后: x=%.2lf  y=%.2lf\n",x,y);
}
void swap(double x,double y)              /*定义交换变量的值的函数*/
{
    double temp;
    temp=x;
    x=y;
    y=temp;
}
```

运行结果如图 7.8 所示。

图 7.8　【例 7.7】的运行结果

这个 swap 函数无法真正实现两个变量的值的交换。在调用函数时，当将实参的值传递给形参后，函数内部实现了两个形参 x、y 的值的交换，但由于实参与形参是各自独立的（名称相同），因此实参的值并没有被交换。从图 7.9 中可以看到，函数返回后，主调函数的形参 x、y 的值并没有被改变。

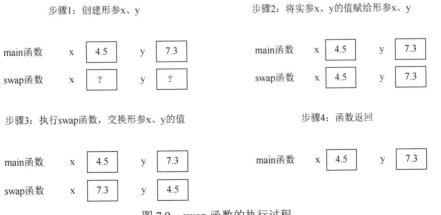

图 7.9　swap 函数的执行过程

　　事实上，参数传递若使用的是传值方式，那么被调函数无法改变主调函数中变量的值。如何解决该问题呢？该问题将在稍后的第 8 章中进一步介绍。

2. 传地址

　　如果被调函数要改变主调函数中变量的值，那么在调用函数时必须使用传地址方式。使用传地址方式要求被调函数的形参是数组或指针，而实参可以是常量、变量或表达式，但实参的值必须是存储单元的地址，而不能是基本类型的数据。在调用函数时，实参的值也就是主调函数中存储单元的地址会被传递给形参。由于形参获得的是主调函数中变量的地址，因此在函数体中可以通过地址访问相应的变量，从而改变主调函数中变量的值。

　　在前面已经介绍了数组的概念。数组名代表数组元素在内存中的首地址，通过首地址可以实现对各数组元素的访问。数组作为函数参数，本质上是把首地址传递给形参，使形参与实参成为同一个数组，使用相同的存储单元，即形参的存储单元就是实参的存储单元。因此，在被调函数中对形参的访问，就是在主调函数中对实参的访问，从而可以引用主调函数中的数组元素。

　　如果被调函数的形参是一维数组，那么定义一维数组的一般形式为"类型标识符 数组名[], int n"，在将一维数组作为形参时可以不指定大小。实际上，即使指定大小也是不起作用的。因为 C 语言的编译系统不对该数组的大小进行检查，所以为了在被调函数中处理数组元素，可以另外设置一个形参 n，用于传递需要处理的数组元素个数。

　　【例 7.8】对 n 个整数进行升序。

　　程序代码如下：

```
#include <stdio.h>
void sort(int b[],int n)          /*b 是一维整型数组，为传地址方式；n 为传值方式*/
{
    int i,j,temp;
    for(i=0;i<n-1;i++)
        for(j=i+1;j<n;j++)
            if(b[j]<b[i])
            {
                temp=b[j];
                b[j]=b[i];
                b[i]=temp;
            }
}
int main(void)
{
    int i,a[10]={5,3,9,6,2,10,8,1,4,7};
    printf("排序之前: ");
    for(i=0;i<10;i++)
        printf("%3d",a[i]);
    printf("\n");
```

```
    sort(a,10);
    printf("排序之后: ");
    for(i=0;i<10;i++)
        printf("%3d",a[i]);
    printf("\n");
}
```

运行结果如图 7.10 所示。

图 7.10　【例 7.8】的运行结果

使用一维数组存放 n 个整数，定义一个 sort 函数用于完成数组的排序功能，一维数组将成为 sort 函数的形参。由于函数没有返回值，因此函数返回值的类型为 void。

本程序中在调用语句 sort(a,10);把数组名 a 作为实参时，不是把实参 a 的值传递给形参，而是把实参 a 的首地址传递给形参 b，这样两个数组就共同占用一段存储单元。因此，对形参 b 的值进行操作，就是对实参 a 的值进行操作。

如果被调函数的形参是二维数组，那么二维数组定义的一般形式为"类型标识符　数组名[][长度], int n, int m"。在定义二维数组时，由于第一维的长度（行数）是不起作用的，因此其一般取默认值，但是第二维的长度必须被明确指出，且其在调用函数时，与实参中的第二维的长度完全一致。形参 n、m 用于指定函数中对二维数组处理时的行数和列数。

有关传地址方式，将在第 8 章中进一步介绍。

*7.4　函数的嵌套调用和递归调用

在 C 语言程序中，被调函数继续调用其他函数，被称为函数的嵌套调用。而一个函数直接或间接调用它本身，被称为函数的递归调用。

7.4.1　函数的嵌套调用

在 C 语言程序中，函数的定义都是独立的、相互平行的。不允许嵌套定义函数，即一个函数内不能定义另一个函数，但允许嵌套调用函数，即在调用一个函数的过程中，该函数可以调用另一个函数。例如：

```
int fun1()
{
...
}
int fun2()
```

```
{
…
fun1();
…
}
int main(void)
{
…
fun2();
…
}
```

函数的嵌套调用的执行过程如图 7.11 所示。

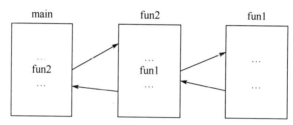

图 7.11　函数的嵌套调用的执行过程

（1）执行 main 函数的开头部分。

（2）执行到 fun2 函数时，调用 fun2 函数，转去执行 fun2 函数。

（3）执行 fun2 函数的开头部分。

（4）执行到 fun1 函数时，调用 fun1 函数，转去执行 fun1 函数。

（5）执行 fun1 函数，直至函数结束。

（6）返回到 fun2 函数中调用 fun1 函数的位置。

（7）继续执行 fun2 函数中尚未执行的部分，直至函数结束。

（8）返回到 main 函数中调用 fun2 函数的位置。

（9）继续执行 main 函数中的剩余部分，直至函数结束。

【例 7.9】求 $C_m^n = \dfrac{m!}{n!(m-n)!}$

程序代码如下：

```
#include <stdio.h>
long fac(int k)            /*定义求 n 的阶乘的函数*/
{
    long f=1;
    int i;
    for(i=1;i<=k;i++)
        f*=i;
    return f;
}
```

```
long comb(int n,int m)      /*定义求组合的函数*/
{
    long c;
    c=fac(m)/(fac(n)*fac(m-n));
    return c;
}
int main(void)
{
    int n,m;
    long c;
    scanf("%d%d",&n,&m);
    c=comb(n,m);
    printf("%ld\n",c);
}
```

运行结果如图 7.12 所示。

图 7.12　【例 7.9】的运行结果

根据组合的计算公式可知，组合函数有 m 和 n 两个形参。函数需要计算 3 次阶乘，即分别计算 m!、n!和(m−n)!。如果定义了 fac(k)函数，求 k 的阶乘，那么可以通过调用阶乘函数来完成，即 fac(m)/(fac(n)*fac(m−n))。

7.4.2　函数的递归调用

1．使用递归求解问题的过程

递归是一种特殊的求解问题的方法，是一种计算机科学中强有力的求解问题的方法。使用递归求解问题的过程是，将要求解的问题分解成比原问题规模小的类似子问题，而在解决类似子问题时，又可以用到原问题的解决方法，按这一原则，逐步递推并转化，最终将原问题转化成较小且有已知解的子问题。递归求解问题的过程适用于一类特殊的问题，即分解后的子问题必须与原问题类似，能使用解决原问题的方法解决分解后的子问题，且最终子问题是已知解或易于解的。

归纳来说，使用递归求解问题的过程可以分为递推和回归两个阶段。

递推阶段：将原问题不断转化成子问题，逐渐从未知向已知推进，最终到达已知解的问题处，结束递推阶段。

回归阶段：从已知解的问题出发，按递推的逆过程，逐一求值回归，最终到达递归开始的位置，结束回归阶段，获得问题的解。

2. 递归调用的应用

使用递归可以通过简单的程序解决某些复杂的计算问题。掌握如何设计递归过程对程序员来说是非常有必要的。

递归调用的方式分为两种，即直接递归调用和间接递归调用。

直接递归调用：一个函数直接调用它本身被称为直接递归调用，如图 7.13 所示。

间接递归调用：一个函数间接调用它本身被称为间接递归调用，如图 7.14 所示。

图 7.13　直接递归调用　　　　　图 7.14　间接递归调用

下面主要介绍直接递归调用。直接递归调用通常是把一个复杂问题层层转化为与原问题相似的规模较小的子问题来求解，递归策略只需少量的程序就可以描述出解题过程所需要的多次重复计算，大大地减少了程序的代码量，使用递归思想编写的程序往往十分简洁且易懂。

一般来说，递归需要有边界条件、递推阶段和回归阶段。当不满足边界条件时，进入递推阶段；当满足边界条件时，进入回归阶段。

【例 7.10】使用递归计算 $n!$。

程序代码如下：

```c
#include <stdio.h>
long fac(int n)
{
    if(n==0)
        return 1;
    else
        return n*fac(n-1);
}
int main(void)
{
    int n;
    long c;
    printf("请输入 n: ");
    scanf("%d",&n);
    c=fac(n);
    printf("%ld",c);
}
```

运行结果如图 7.15 所示。

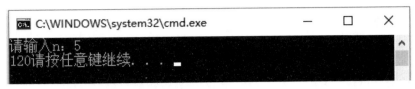

图 7.15 　【例 7.10】的运行结果

在数学中，阶乘函数通常被定义为 $f(n)=n!=1\times2\times3\times\cdots\times n$，但也可以被定义为以下形式。

$$n!=\begin{cases}1 & n=0\\ n\times(n-1)! & n>0\end{cases}$$

由此定义形式不难发现，要求 $n!$ 需要先求 $n\times(n-1)!$，而要求 $(n-1)!$，又需要先求 $(n-2)!$，以此类推，直到最后求 $0!$。根据公式可知，$0!=1$，可以求 $1!,2!,\cdots$ 直到最后求 $n!$。为此，可以定义一个求 $n!$ 的函数 fac(n)，根据此分析可以写出该问题的递归表达式。此函数中的边界条件是 n==0，递推表达式是 fac(n)=n*fac(n-1)，递归终止表达式是 fac(0)=1。

在进行递归调用时，虽然函数代码一样，变量名相同，但每次在调用函数时，系统都会为函数的形参和函数内部的变量分配相应的存储单元。因此，每次在调用函数时，使用的都是本次调用新分配的存储单元及其值。在递归调用结束返回时，会释放掉本次调用新分配的形参和函数内部的变量，并带着本次计算的值返回到上次调用的位置。

例如，求 3! 的递归过程如图 7.16 所示。

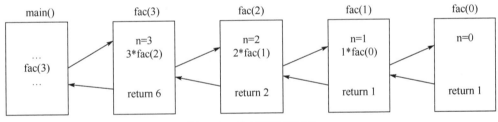

图 7.16 　求 3! 的递归过程

由本示例不难发现，使用递归求解阶乘问题的关键在于数学递归形式的提出。但并不是所有问题都可以使用递归实现。一个问题要使用递归实现，就至少要符合以下两个条件。

（1）这个问题可以被转化为另一个问题，而新问题的解决方法仍与原问题的解决方法相同，但是所处理的对象必须不同，且它们必须为有规律地递增或递减。

（2）必定要有一个明确的结束条件（否则递归将会无休止地进行下去）。

*7.5　变量的作用域和存储类别

在 C 语言程序中的函数内部或函数外部都可以定义变量。不同位置定义的变量的作用域不同，作用域用于确定程序能在何处引用变量。存储类别表示系统为变量分配存储单元

的方式。存储类别用于确定系统在何时、何处为变量分配存储单元，又在何时回收变量占用的存储单元。

7.5.1　变量的作用域

变量的作用域指变量的作用范围，即能够引用此变量的程序代码区域。变量的声明位置不同，作用域也不同。按作用域的不同划分，变量可以分为两种，即局部变量和全局变量。

1. 局部变量

在函数内部定义的变量或函数的形参被称为局部变量，具有函数作用域，即只能在本函数中对该变量赋值或使用该变量的值，一旦离开了本函数就不能对该变量引用，或者该变量将被撤销。

在复合语句中定义的变量亦被称为局部变量，具有块作用域，即只能在复合语句中引用它，复合语句执行结束后，将不能对该变量引用，或者该变量将被撤销。例如：

```
void f1(int a)
{
    int b=0;                /*局部变量a、b作用域的开始*/
    b++;
    {
        int c=3;            /*复合语句中局部变量c作用域的开始*/
        c=a+b;
        printf("%d,",c);
    }                       /*复合语句中局部变量c作用域的结束*/
    printf("%d,%d\n",a,b);
}                           /*局部变量a、b作用域的结束*/
```

复合语句中变量的作用域从定义处开始到它所在的复合语句结束为止。局部变量在引用前必须有值，否则结果是未知数。每次在调用 f1 函数时，系统都会为局部变量 a 分配存储单元，先将实参的值传递给局部变量 a，再进入函数体，为局部变量分配存储单元。当局部变量的作用域结束时，系统将回收其占用的存储单元，用户不用考虑局部变量占用的存储单元的分配和回收问题。

C 语言规定，在局部变量的作用域外使用它们是不合规的。

由于 C 语言规定，在同一层中不允许定义同名变量，在不同层中允许定义同名变量，因此复合语句中定义的局部变量可以和外层的局部变量同名，此时在复合语句的局部变量的作用域中只能引用复合语句的局部变量。例如：

```
void f1(int a)
{
    int b=0;                    /*局域变量a、b作用域的开始*/
    b++;
    {
```

```
        int a=3;                /*复合语句中局部变量 a 作用域的开始*/
        a=a+b;
        printf("%d\n",a);
    }                           /*复合语句中局部变量 a 作用域的结束*/
    printf("%d \n",a);
}                               /*局域变量 a、b 作用域的结束*/
```

在程序运行到第一个 printf("%d\n",a);时，输出的是与形参同名的复合语句中局部变量 a 的值 4，在程序运行到第二个 printf("%d\n",a);时，输出的是形参 a 的值。

由于函数的定义都是独立的、相互平行的，因此在不同的函数中可以定义同名的局部变量，它们在内存中占用不同的存储单元，互不干扰，这样减轻了命名的烦恼。

2．全局变量

在函数外部定义的变量被称为全局变量，具有程序作用域，即从变量定义的位置开始到文件结束，可以被本文件中的所有函数引用。例如：

```
int a;                  /*定义全局变量 a，可以在 main 函数和 fun 函数中引用*/
int main(void)
{
    int x,y;            /*在 main 函数中引用局部变量 x、y*/
    …
}
int b;                  /*定义全局变量 b，可以在 fun 函数中引用*/
fun(int z)              /*在 fun 函数中引用局部变量 z*/
{
    int c;              /*在 fun 函数中引用局部变量 c*/
    …
}
```

如果在全局变量定义的位置之前或其他文件中的函数要引用该全局变量，那么必须使用 extern 对该全局变量进行声明。声明全局变量的一般形式如下：

```
extern 类型名 全局变量名;
```

例如，在前面的程序中，若 main 函数要引用全局变量 b，则要对全局变量进行以下声明。

```
int a;                  /*定义全局变量 a，可以在 main 函数和 fun 函数中引用*/
extern int a,b;         /*声明全局变量 b，将全局变量 b 的作用域扩大到 main 函数*/
int main(void)
{
    int x,y;            /*在 main 函数中引用局部变量 x、y*/
    …
}
int b;                  /*定义全局变量 b，可以在 fun 函数中引用*/
fun(int z)              /*在 fun 函数中引用局部变量 z*/
{
    int c;              /*在 fun 函数中引用局部变量 c*/
```

```
    …
}
```

使用 return 语句，被调函数只能向主调函数返回一个值。若被调函数要向主调函数返回多个值，则可以使用全局变量。例如：

```c
#include <stdio.h>
float add,mult;        /*全局变量*/
void func(float x,float y)
{
    add=x+y;
    mult=x*y;
}
int main(void)
{
    float a,b;
    scanf("%f%f",&a,&b);
    func(a,b);
    printf("%.2f %.2f\n",add,mult);
}
```

在本程序中，使用全局变量 add 和 mult 使所有函数都可以引用。定义 func 函数，将计算结果分别赋给全局变量 add 和 mult，并在 main 函数中引用全局变量 add 和 mult，输出值。

虽然使用全局变量可以增加函数之间的数据联系，但由于全局变量能被多个函数访问，会降低程序的清晰性、可读性，并且在各函数中都能修改全局变量的值，容易导致程序编写中的逻辑错误，因此一般不建议使用全局变量。

3. 全局变量与局部变量同名

C 语言规定，在同一层中不允许定义同名变量，在不同层中允许定义同名变量。由于全局变量在函数外部定义，而局部变量在函数内部定义，二者不在同一层中，因此允许全局变量和局部变量同名。当全局变量与局部变量同名时，在局部变量的作用域内，全局变量不起作用，只能引用同名的局部变量。例如：

```c
#include <stdio.h>
int a,b;                    /*全局变量a、b作用域的开始*/
int max()
{
    int a=4,b=5;            /*局部变量a、b作用域的开始*/
    return (a>b?a:b);
}                           /*局部变量a、b作用域的结束*/
int main(void)
{
    a=2,b=3;
    printf("max()=%d\n",max());
}                           /*全局变量a、b作用域的结束*/
```

全局变量 a、b 与 max 函数中的局部变量 a、b 同名，在 max 函数中引用的是局部变量，函数值为 5，返回 main 函数后，输出 5。

7.5.2　变量的存储类别

C 语言程序中的变量有两种属性，即数据类型和存储类别。数据类型确定了变量占用内存的字节数和存储在变量中的数据格式；存储类别确定了系统为变量分配存储单元的方式。

在运行程序时，供用户使用的存储单元由三部分组成，即程序存储区、静态存储区和动态存储区。程序存储区用于存储程序代码，静态存储区和动态存储区用于存储程序中处理的数据。

变量的存储类别指变量在内存中的存储方式，存储方式分为两种，即静态存储方式和动态存储方式。变量的存储类别决定了变量的值在内存中存在的时间（即生存期），且不同存储方式的变量存储在内存的不同存储区中。

使用静态存储方式的变量存放在静态存储区，其生存期从其编译时开始到整个程序执行结束为止。程序全局变量就是属于使用静态存储方式的变量。

使用动态存储方式的变量存放在动态存储区，其生存期从函数调用开始到函数返回时为止。若在程序执行过程中使用它们，则系统会在动态存储区为它们分配存储单元，这些存储单元一旦使用完毕就会立即释放。其典型应用就是函数的形参，在定义函数时并不给形参分配存储单元，只在调用函数时予以分配，函数调用完成后会立即释放存储单元。如果一个函数被多次调用，那么会多次分配和释放形参的存储单元。

详细来说，按存储类别的不同划分，变量可以分为 4 种，即自动变量、静态变量、全局变量和寄存器变量。

1．自动变量

在函数内部或复合语句中定义变量时，若没有指定存储类别或使用了 auto，则该变量为自动变量。自动变量具有函数作用域或块作用域，且使用动态存储方式。系统在每次进入函数或复合语句时，在动态存储区为定义的自动变量分配存储单元。当函数执行结束或复合语句结束后控制返回时，自动变量的存储单元会被释放。例如：

```
void increase()
{
    int i=1;     /*定义自动变量*/
    i++;
    printf("%d",i);
}
```

不管调用 increase 函数多少次，运行结果都为 2。

2．静态变量

在函数内部或函数外部定义变量时，若使用了 static，则该变量为静态变量。静态变量

使用静态存储方式。程序在编译时编译系统会在静态存储区为它们分配存储单元，当程序执行结束时这些存储单元会被自动释放。根据作用域定义位置的不同，静态变量可以分为静态局部变量和静态全局变量。在函数内部定义的静态变量被称为静态局部变量，在函数外部定义的静态变量被称为静态全局变量。

1）静态局部变量

静态局部变量同局部变量具有相同的作用域和不同的生存期。静态局部变量一般在函数内部使用，在程序执行前系统会为其静态存储区分配存储单元，并赋初值。若无显式赋初值，则系统会自动为这些变量赋初值 0（对数值型变量）或'\0'（对字符变量）。当调用包含静态局部变量的函数结束后，静态局部变量的存储单元不会被释放，其值依然存在。当再次调用进入该函数时，上次调用静态局部变量结束的值就会作为本次调用静态局部变量的初值使用。例如：

```
void increase()
{
    static int i=1;   /*定义静态局部变量*/
    i++;
    printf("%d",i);
}
```

在调用 increase 函数之前，静态局部变量 i 已经处于静态存储区，且被赋初值 1。在第一次调用 increase 函数时，静态局部变量的定义语句不再执行，静态局部变量 i 自增 1 后为 2。在调用 increase 函数结束后，静态局部变量 i 的存储单元不会被释放。在之后的第二次、第三次调用 increase 函数时，都是在第一次调用 increase 函数结束后的静态局部变量 i 的值上加 1。

2）静态全局变量

静态全局变量同全局变量具有相同的生存期和不同的作用域。全局变量的作用域具有程序作用域，不仅可以在本文件内扩展，而且可以扩展到程序的其他文件内；而静态全局变量的作用域仅在本文件内，在本文件内作用域的扩展使用 extern。因此，在程序设计中若希望某些全局变量只限于被本文件引用，而不能被其他文件引用，则可以在定义全局变量时添加一个 static。

综上可知，静态全局变量与静态局部变量除作用域不同外，其他方面的存储特性完全相同，前者具有文件作用域，后者具有函数作用域。同样，静态全局变量与全局变量除作用域不同外，其他方面的存储特性完全相同，前者具有文件作用域，后者具有程序作用域。而静态局部变量和局部变量虽作用域相同但存储特性不同，前者处于静态存储区，后者处于动态存储区；前者的生存期同程序，后者的生存期同函数。

3. 全局变量

全局变量也称外部变量。全局变量可以被整个程序的所有文件中的函数引用。如果在每个文件中都定义一次全局变量，那么单个文件在编译时没有语法错误，但当把所有文件连接起来时，就会产生对同一个全局变量多次定义的连接错误。为了避免这种情况发生，全局变量只需在一个文件中定义。若要在其他文件中引用某个变量，只需将该变量定义成全局变量即可。其目的是告诉引用的这个变量是全局变量且已在其他文件中定义过。需要注意的是，如果在某个文件中引用某个全局变量，但该全局变量不在该文件中定义，那么必须使用 extern 声明全局变量，否则在编译时会出现语法错误。

全局变量的初始化是在全局变量定义时进行的，仅执行一次。对于未赋初值的全局变量，系统会自动给这些全局变量赋初值 0（对数值型变量）或'\0'（对字符变量）。

4．寄存器变量

前面介绍的变量都是内存变量，都是由系统在内存中分配存储单元的。静态变量和全局变量被分配到内存的静态存储区，自动变量被分配到内存的动态存储区。C 语言还允许程序员使用 CPU 中的寄存器存储数据，即可以通过变量访问寄存器。这种变量被称为寄存器变量，存放在 CPU 的寄存器内，在使用时不访问内存，而直接从寄存器中读写，从而提高了效率。计算机的寄存器是有限的，为确保寄存器用于需要的地方，应将使用频繁的值定义为寄存器变量。寄存器变量使用 register 定义。

*7.6　编译预处理

C 语言的编译过程主要分为编译预处理阶段和正式编译阶段，这是 C 语言的一大特点。其中，编译预处理是 C 语言和其他高级语言的一个重要区别。在编译 C 语言程序时，首先根据预处理命令对源程序进行适当的处理，其次对源程序进行正式的编译，即对加工过的源程序进行语法检查和语义处理，最后将源程序转换为目标程序。

编译预处理命令均以"#"开头，且一行只能编写一条编译预处理命令，在结束时不能使用语句结束符。若编译预处理命令太长，则可以使用"\"在下一行继续编写。一般将编译预处理命令写在源程序的开头。

如果能正确使用编译预处理命令，那么就能编写出易于修改、阅读、调试、移植的程序，并为结构化程序设计提供帮助。

C 语言提供了 3 种编译预处理命令，即宏定义、文件包含和条件编译。

7.6.1　宏定义

1．不带参数的宏定义

不带参数的宏定义通常用来定义符号常量，即使用一个指定的宏名表示一个字符串。不带参数的宏定义的一般形式如下：

```
#define 宏名 字符串
```

其中，宏名常使用大写字母表示，宏名与字符串之间使用空格分隔。在进行编译预处

理时，先进行宏展开，凡是宏名出现的位置都会被替换为它对应的字符串。

例如，通过键盘输入半径，输出圆的周长、面积和球的体积。

```
#define PI 3.14159
#include <stdio.h>
int main(void)
{
    double r,l,s,v;
    printf("请输入半径:");
    scanf("%lf",&r);
    l=2.0*PI*r;
    s=PI*r*r;
    v=4.0/3*PI*r*r*r;
    printf("周长为：%10.2lf\n面积为%10.2lf\n体积为%10.2lf\n",l,s,v);
}
```

其中，本程序中凡出现 PI 的位置都被常量 3.14159 替换。如果 PI 的编码值有所变化，那么只需修改宏定义即可，这样有助于程序的调试和移植。

在使用不带参数的宏定义时应注意以下几点。

（1）只使用宏名进行简单的替换，不进行语法检查和语义处理。若字符串有错误，则只有在正式编译时才能检查出来。

（2）若没有特殊的需要，则不必在编译预处理命令行末添加分号。若添加了分号，则连同分号一起替换。

（3）使用宏定义可以减少程序中重复书写字符串的工作量，提高程序的可阅读性、可修改性、可移植性。

（4）宏定义一般在文件开头、函数之前，作为文件的一部分，宏名的有效范围为从宏定义之后开始到本文件结束。要强制终止宏定义的作用域，可以使用#undef命令。例如：

```
#define PI 3.14159          /*PI 的作用域的开始*/
int main(void)
{
    …
}
#undef PI                   /*PI 的作用域的结束*/
void fun()
{
    …
}
```

这样即可灵活地控制宏定义的作用域。

（5）在进行宏定义时可以引用已定义的宏名，宏展开用于层层替换。例如：

```
#define PI 3.14159
#define R 4.0
#define L 2* PI* R
#define S PI* R* R
```

```
#include <stdio.h>
int main(void)
{
    printf("L=%f\nS=%f\n",L,S);
}
```

经过宏展开后，printf 函数中的输出项 L、S 的展开如下：

```
L——2* 3.14159* 4.0
S——3.14159* 4.0* 4.0
```

printf 函数的展开如下：

```
printf(("L=%f\nS=%f\n",2* 3.14159* 4.0,3.14159* 4.0* 4.0);
```

（6）对于程序中出现的使用双引号引起来的字符串中的字符，若与宏同名，则不进行替换。例如，上述第（5）点的示例中 printf 函数内有两个字符 S，在双引号内的 S 不被替换，而在双引号外的 S 将被替换。

2．带参数的宏定义

带参数的宏定义不仅要进行字符串的替换，而且要进行参数的替换。带参数的宏定义的一般形式如下：

```
#define 宏名(参数列表) 字符串
```

带参数的宏调用的一般形式如下：

```
宏名(参数列表);
```

其中，宏定义参数列表中的参数为形参，形参为标识符。宏调用参数列表中的参数为实参，实参为常量、变量或表达式。带参数的宏展开的过程为，首先，使用实参对#define 命令指定的字符串中对应的形参从左向右进行替换。若宏定义的字符串中的字符不是形参，则在替换时保留。其次，对替换过的字符串替换宏。

例如，通过键盘输入两个数，输出较小的数。

```
#include <stdio.h>
#define MIN(a,b)  ((a)<(b)?(a):(b))
int main(void)
{
    int x,y;
    printf("输入两个数:");
    scanf("%d%d",&x,&y);
    printf("MIN=%d",MIN(x,y));
}
```

在运行以上程序时，使用字符串((x)<(y)?(x):(y))替换 MIN(x,y)。因此，可以输出两个数中较小的数。

在使用带参数的宏定义时应注意以下几点。

（1）宏定义的字符串中的每个参数及整个字符串，都必须使用一对小括号括起来。

（2）在进行宏定义时，不要在宏名与其后面的小括号之间添加空格，否则预处理器会

把其理解为普通的无参数的宏定义，将空格后面的字符都作为替换序列的一部分。

（3）要注意区分带参数的函数和带参数的宏，它们虽有相似之处，但本质上是不同的。

7.6.2 文件包含

文件包含指一个源文件可以将另一个源文件中的全部内容包含进来，即将另一个 C 语言源文件嵌入正在进行预处理的源文件中的相应位置。

文件包含的一般形式如下：

```
#include <文件名>
```

或

```
#include "文件名"
```

其中，"文件名"指被嵌入的源文件中的文件名，必须使用尖括号将其括起来或使用双引号将其引起来。通过使用不同的符号可以在查找嵌入文件时采用不同的查找策略。

尖括号：预处理程序在规定的磁盘目录（通常为 include 子目录）中查找文件，一般包含 C 语言的库函数常使用尖括号。

双引号：预处理程序首先在当前目录中查找文件，若没有找到则在由操作系统的 path 命令设置的各目录中查找；若还没有找到，则在 include 子目录中查找。例如：

pformat.h 文件的程序代码如下：

```
#define PR printf
#define NL "\n"
#define D "%d"
#define D1 D NL
#define D2 D D NL
#define D3 D D D NL
#define D4 D D D D NL
#define S "%s"
```

file.cpp 文件的程序代码如下：

```
#include <stdio.h>
#include "pformat.h"
int main(void)
{
    int a,b,c,d;
    char string[ ]="STUDENT";
    a=1;b=2;c=3;d=4;
    PR(D1,a);
    PR(D2,a,b);
    PR(D3,a,b,c);
    PR(D4,a,b,c,d);
    PR(S,string);
}
```

注意，在编译时，这两个文件并不使用 link 命令实现链接，而作为一个源程序进行编译，得到一个相应的目标文件。因此，被包含的文件应该是源文件。

在 C 语言的编译系统中有许多以.h（h 为 head 的缩写）为扩展名的文件，被称为头文件。在使用 C 语言的编译系统提供的库函数进行程序设计时，通常需要在源文件的开头部分包含相应的头文件。这些头文件都是由 C 语言提供的源文件，主要内容是在使用相应的库函数时需要的函数原型说明、变量说明、类型定义及宏定义等。例如，要使用输入/输出函数，就应在程序中加入#include <stdio.h>；要使用数学函数，就应在程序中加入#include <math.h>。因此，若能正确使用#include 命令，则可以减少不必要的重复工作量，提高工作效率。

在使用#include 命令时应注意以下几点。

（1）一条#include 命令只能指定一个被包含的文件，若被包含 n 个文件则需要使用 n 条 #include 命令。

（2）若#include 命令指定的文件内容发生变化，则应该对包含此文件的所有源文件重新进行编译预处理。

（3）#include 命令可以嵌套使用，即一个被包含的文件中可以使用#include 命令包含另一个文件，而在该文件中还可以包含其他文件，通常允许嵌套 10 层以上。

7.6.3　条件编译

条件编译有以下几种形式。

形式 1：

```
#ifdef 标识符
    程序段1
#else
    程序段2
#endif
```

其功能是，若标识符已经被定义过（一般使用#define 命令定义），则程序段 1 参加编译，否则程序段 2 参加编译，其中的#else 部分可以省略，即：

```
#ifdef 标识符
    程序段1
#endif
```

例如：

```
#ifdef DEBUG
    printf("x=%d,y=%d\n",x,y);
#endif
```

若 DEBUG 已被定义，即：

```
#define DEBUG
```

则在程序运行时输出 x 和 y 的值，以便在调试时用于分析；若已删除#define DEBUG，则 printf 语句不参加编译。

注意，条件编译与 if 语句有区别，即在进行条件编译时，不参加编译的程序段在目标程序中没有与之对应的代码。而在 if 语句中，不论表达式的值是否为真，所有语句都会产生目标代码。

形式 2：

```
#ifndef 标识符
    程序段 1
#else
    程序段 2
#endif
```

其功能是，若标识符没有被定义，则程序段 1 参加编译，否则程序段 2 参加编译，其中的#else 部分可以省略，即：

```
#ifndef 标识符
    程序段 1
#endif
```

例如：

```
#ifndef DEBUG
    printf("x=%d,y=%d\n",x,y);
#endif
```

若 DEBUG 没有被定义，则在程序运行时输出 x 和 y 的值；若已使用#define 命令定义 DEBUG，则 printf 语句不参加编译。

形式 3：

```
#if 表达式
    程序段 1
#else
    程序段 2
#endif
```

其功能是，若表达式的值为真，则程序段 1 参加编译，否则程序段 2 参加编译，其中的#else 部分可以省略。例如：

```
#define FLAG 1
#if FLAG
    a=1;
#else
    b=0;
#endif
```

若 FLAG 的值为真，则编译语句 a=1;，否则编译语句 b=0;。

注意，由于#if 命令中的表达式的值是在编译阶段计算得出的，因此此处的表达式不能为变量，必须为常量或使用#define 命令定义的标识符。

形式 4：

```
undef 标识符
```

其功能是，将已定义的标识符转变为未定义的形式。例如，若有语句：

```
#undef DEBUG
```

则#ifdef DEBUG 的值为假，而#ifndef DEBUG 的值为真。

本章小结

　　C 语言程序是由若干个函数构成的，其中必须有唯一一个主函数，主函数名为 main。模块的功能是由函数实现的。一般来说，使用函数的主要目的是实现模块化及代码复用。从用户的使用角度来看，C 语言中的函数有两种，即库函数和自定义函数。库函数由系统定义，用户可以直接使用它们。自定义函数是解决用户特定需求的函数，由用户自行定义。

　　使用函数可以降低代码重复率。函数可以让程序更加模块化，从而有利于程序的阅读、修改和完善。

　　在调用函数时，需要重点关注 5 个要素。头文件：需要包含指定的头文件；函数名：函数名必须和头文件声明的名称一样；功能：需要知道此函数能做什么；参数：参数类型要匹配；返回值：应根据需要接收返回值。

　　自定义函数理论上可以按普通变量的命名规则起名，但最好起的名"见名知义"，让用户看到这个函数名就知道这个函数的功能。注意，函数名后面有一个小括号。由于定义函数时指定的参数，在未调用函数时并不占用内存中的存储单元，因此称它们是形参。因形参不是实际存在的数据，故不能为形参中的变量赋值。如果没有形参，那么小括号内为空或 void。中括号内为函数体，这里为函数功能实现的过程。其和以前编写的程序代码没有太大的区别，以前把程序代码写在 main 函数中，现在把程序代码写在其他函数中。函数的返回值是通过函数中的 return 语句获得的，return 后面的值可以是一个表达式。如果函数返回的类型和 return 语句中表达式的值不一致，那么以函数返回的类型为准，即函数返回的类型决定返回值的类型。可以对数值型数据自动进行类型转换。此外，使用 return 语句还可以中断 return 所在的执行函数。如果函数有返回值，那么 return 后面必须跟着一个值；如果函数没有返回值，那么函数名前面必须有一个 void，这时，也可以使用 return 语句编写程序，只是这时 return 后面没有内容。

　　定义函数后，只有调用该函数才能执行该函数中的代码段。这和 main 函数不一样，main 函数是系统设定好的自动调用的函数，无须人为调用，可以在 main 函数中调用其他函数。

　　形参出现在函数的定义中，在整个函数内部都可以使用，若离开函数则不能使用。实参出现在主调函数中，进入被调函数后，实参也不能使用。实参对形参的数据传递是值传递，即单向传递，只能由实参传递给形参，而不能由形参传递给实参。在调用函数时，系统会临时给形参分配存储单元。函数调用结束后，形参被释放，返回主调函数后不能再使用该形参。实参仍保留并维持原值。因此，在执行一个被调函数时，形参的值发生改变并不会改变主调函数的实参的值。

如果用户使用自定义函数，而该函数与主调函数不在同一个文件中，或者该函数定义的位置在主调函数之后，那么必须在调用该函数之前对被调函数进行声明。函数的声明就是函数在尚未被定义的情况下，事先将函数的相关信息通知系统，相当于告诉系统，函数在后面定义，以便使编译正常进行。注意，一个函数只能被定义一次，但可以被声明多次。

变量的作用域决定着变量的可访问性。变量的声明位置不同，作用域也不同。按作用域的不同划分，变量可以分为局部变量和全局变量。变量的存储类别决定了变量的值在内存中存在的时间（即生存期）。详细来说，按存储类别的不同划分，变量可以分为4种，即自动变量、静态变量、全局变量、寄存器变量。

编译预处理是C语言特有的功能。程序员在程序中正确使用编译预处理命令，不仅便于程序的修改、阅读、调试、移植，而且便于模块化程序设计的实现。C语言提供了3种编译预处理命令，即宏定义、文件包含和条件编译。

课后习题

一、选择题

1. 关于以下函数返回值的类型描述正确的是（　　　）。

```
fun(float x)
{
    printf("%f\n",x*x);
}
```

  A．与参数 x 的类型相同   B．void

  C．整型   D．无法确定

2. 有以下函数调用语句：

```
func((exp1,exp2),(exp3,exp4,exp5));
```

其中含有的实参个数和是（　　　）。

  A．1   B．2   C．4   D．5

3. 以下叙述正确的是（　　　）。

  A．C 语言程序总是从第一个定义的函数开始执行的

  B．在 C 语言程序中，要调用的函数必须在 main 函数中定义

  C．C 语言程序总是从 main 函数开始执行的

  D．C 语言程序中的 main 函数必须被放在程序的开头

4. 若已定义的函数有返回值，则以下关于该函数的调用的叙述错误的是（　　　）。

  A．函数的调用可以作为独立的语句存在

  B．函数的调用可以作为一个函数的实参

  C．函数的调用可以出现在表达式中

  D．函数的调用可以作为一个函数的形参

5. 以下叙述不正确的是（　　　）。

　　A．局部变量说明为 static 的存储类别，其生存期将得到延长

　　B．全局变量说明为 static 的存储类别，其作用域将被扩大

　　C．任何存储类别的变量在未被赋初值时，值都是不确定的

　　D．形参可以使用的存储类别与局部变量完全相同

6. 在一个源文件中定义的全局变量的作用域为（　　　）。

　　A．本文件的全部范围

　　B．本程序的全部范围

　　C．本函数的全部范围

　　D．从定义该变量的位置开始至本文件结束

7. C 语言中形参的默认存储类别是（　　　）。

　　A．自动　　　　　　　　B．静态　　　　　　　　C．寄存器　　　　　D．外部

8. C 语言中函数返回值的类型由（　　　）决定。

　　A．return 语句中的表达式类型

　　B．调用函数时主调函数返回值的类型

　　C．调用函数时的临时类型

　　D．定义函数时指定的函数返回值的类型

9. 以下叙述不正确的是（　　　）。

　　A．在 C 语言中调用函数时，只能把实参的值传递给形参，不把形参的值传递给实参

　　B．在 C 语言的函数中，推荐使用全局变量

　　C．在 C 语言中，形参只局限于所在函数

　　D．在 C 语言中，函数名的存储类别为外部

10. 在 C 语言中（　　　）。

　　A．函数的定义可以嵌套，但函数的调用不可以嵌套

　　B．函数的定义和调用均可以嵌套

　　C．函数的定义和调用均不可以嵌套

　　D．函数的定义不可以嵌套，但函数的调用可以嵌套

11. 以下叙述正确的是（　　　）。

　　A．使用#include 命令包含的头文件的扩展名不可以是.a

　　B．若一些源程序包含某个头文件，则当该头文件有错时，只需对该头文件进行修改，不必将包含该头文件的所有源程序进行重新编译

　　C．宏命令可以看成一条语句

　　D．编译中的预处理是在编译之前进行的

12. 若有以下程序：

```
#define N 2
#define M N+1
#define NUM (M+1)*M/2
#include <stdio.h>
int main(void)
{
    int i;
    for(i=1;i<=NUM;i++);
        printf("%d\n",i);
}
```

则运行该程序后，for 语句循环的次数是（　　）。

  A．3   B．6   C．8   D．9

13．以下叙述不正确的是（　　）。

  A．宏不存在类型问题，宏名无类型，它的参数也无类型

  B．进行宏替换不占用运行时间

  C．在进行宏替换时应先求出实参表达式的值，再代入形参运算求值

  D．实际上，宏替换只不过是字符替代而已

14．以下不会引起二义性的宏定义是（　　）。

  A．#define POWER(x) x*x   B．#define POWER(x) (x)*(x)

  C．#define POWER(x) (x*x)   D．#define POWER(x) ((x)*(x))

15．若有以下宏定义：

```
#define N 3
#define Y(n) ((N+1)*n)
```

则执行语句 z=2*(N+Y(5+1));后，z 的值为（　　）。

  A．出错   B．42   C．48   D．54

二、程序填空题

1．以下程序的功能是寻找并输出 2000 以内的亲密数对。亲密数对的定义为：若正整数 a 的所有因子（不包括 a）和为 b，b 的所有因子（不包括 b）和为 a，且 $a!=b$，则称 a 和 b 为亲密数对。请在_____内填入正确的内容。

```
#include <stdio.h>
int factorsum(int x)
{
    int i,y=0;
    for(i=1;_____;i++)
        if(x%i==0) y+=i;
    return y;
}
int main(void)
{
```

```
    int i,j;
    for(i=2;i<=2000;i++)
    {
    j=factorsum(i);
    if(_____)
        printf("%d,%d\n",i,j);
    }
}
```

程序的运行结果如下：

```
220,284
1184,1210
```

2. 以下程序的功能是输入一个大于 5 的奇数，验证哥德巴赫猜想，即任何大于 5 的奇数都可以被表示为 3 个素数之和（但不唯一），输出被验证之数的各种可能的和式。请在_____内填入正确的内容。

```
#include <stdio.h>
int prime(int x)
{
    int y=1,i=2;
    while(i<x&&y)
    {
        if(_____) y=0;
        i++;
    }
    return y;
}
int main(void)
{
    int m,i,j;
    printf("请输入一个大于 5 的奇数: ");
    scanf("%d",&m);
    if(_____)
    {
        for(i=2;i<=m;i++)
            if(prime(i))
                for(j=i;j<=m-i-j;j++)
                    if(_____)
                        printf("%d=%d+%d+%d\n",m,i,j,m-i-j);
    }
    else printf("输入错误! ");
}
```

三、程序阅读题

1. 以下程序的运行结果是（　　　）。

```
#include <stdio.h>
int sub(int x)
{
    int y=0;
    static int z=0;
    y+=x++,z++;
    printf("%d,%d,%d,",x,y,z);
    return y;
}
int main(void)
{
    int i;
    for(i=0;i<3;i++)
        printf("%d\n",sub(i));
}
```

2. 以下程序的运行结果是（　　　）。

```
#include <stdio.h>
int x=1,y=2;
void sub(int y)
{
    x++;
    y++;
}
int main(void)
{
    int x=2;
    sub(x);
    printf("x+y=%d",x+y);
}
```

3. 以下程序的运行结果是（　　　）。

```
#include <stdio.h>
void generate(char x,char y)    /*输出 x-y-x 系列字符*/
{
    if(x==y) putchar(y);
    else
    {
        putchar(x);
        generate(x+1,y);
        putchar(x);
    }
}
int main(void)
{
    char i,j;
    for(i='1';i<'6';i++)
```

```
    {
        for(j=1;j<60-i;j++)
            putchar(' ');
        generate('1',i);
        putchar('\n');
    }
}
```

4．以下程序的运行结果是（　　　）。

```
#include <stdio.h>
#define SQR(x) x*x
int main(void)
{
    int a,k=3;
    a=++SQR(k+1);
    printf("%d\n",a);
}
```

四、编程题

1．编写一个函数，计算两个整数的最大公约数。在 main 函数中调用这个函数，对用户输入的两个整数进行计算。

2．编写一个函数，判断一个给定的年份是否为闰年。在 main 函数中调用这个函数，并对用户输入的年份进行检查。

3．编写一个函数，接收一个字符串作为参数，并返回一个新字符串，这个新字符串是原字符串中所有单词的首字母的大写，如将"hello world"转换为"Hello World"。在 main 函数中调用这个函数，并输出结果。

4．编写一个函数，将一个给定的十进制数转换为二进制数。在 main 函数中调用这个函数，并对用户输入的整数进行转换。

5．定义一个宏，将一个给定的整数加倍。在 main 函数中使用这个宏，对用户输入的整数进行加倍。

第8章

指　针

指针是 C 语言的特色。使用指针可以表示各种数据结构；可以很方便地使用数组和字符串；可以直接操作系统内存中的地址，从而编写出简洁、紧凑、高效的程序。指针的出现极大地丰富了 C 语言的功能。可以说，不掌握指针就不能掌握 C 语言的精华。

通过学习本章，读者应该具备高效处理问题的能力。通过学习如何使用指针实现函数之间的共享变量或数据结构，读者应有资源共享、团队合作的意识。读者要遵守规则、要有精益求精的工匠精神、要有奋斗精神，只有这样才能学好指针的知识。

由于指针的概念比较复杂，指针的使用也比较灵活，因此初学者在使用时常会出错，这使他们有时为了查找和解决一个很小的错误都要花费很大的精力，从而产生莫名其妙的"怨气"，甚至产生放弃进一步学习的念头，极大地挫伤学习热情。在 C 语言程序设计中可以从小问题入手，如"为什么编程总是出错？"这个问题看似小，但可以反映大问题。小问题可以是没有用好数据类型、没有注意语句规范，大问题可以是没有掌握编程要领、没有良好的计算思维。没有正确使用数据类型和编程语言，就是没有遵守 C 语言的基本编程规则。好比法制是基础，若不遵守法制，错误行为将会导致违法犯罪。因此，在做任何事情时都应遵守相应的基本规则。更大一些的问题，就是行为习惯不好，总是马虎。在编程时，小问题很多，这需要学习工匠精神，精益求精，只有这样才能有成果。再大一些的问题，就是懒惰，不愿意吃苦，没有拼搏精神，没有训练出良好的计算思维，不能将编程提升到一个更高的境界。只有遵守规则、掌握语法、认真钻研、克服粗心、努力奋斗、提升计算思维能力，才可以学好指针的知识。

8.1 地址与指针的概念

在计算机中，所有数据都被存储在存储器中。一般把存储器中的 1 字节称为一个存储单元。如果在程序中定义了一个变量，那么在对程序进行编译时，编译系统会根据程序中定义的变量的数据类型分配一定的存储单元。不同的数据类型占用的存储单元的长度不同。

例如，Visual C++为整型变量分配4字节存储单元，为单精度型变量分配4字节存储单元，为字符变量分配1字节存储单元。

运行以下程序可以知道，本机编译系统中短整型、基本整型、长整型存储单元的长度。

```
#include <stdlib.h>
#include <stdio.h>

int main()
{
    printf("size of a short is %d\n", sizeof(short));
    printf("size of a int is %d\n", sizeof(int));
    printf("size of a long is %d\n", sizeof(long));

system("pause");
    return 0;
}
```

其中，sizeof是C语言中的一种单目运算符，并不是函数，功能是返回一个对象或类型所占用存储单元的长度。

为了正确地访问这些存储单元，编译系统必须为每个存储单元编号。根据编号即可准确地找到该存储单元。存储单元的编号也称地址，相当于旅馆中的房间号。在地址标志的存储单元中存放的数据则相当于旅馆的房间中居住的旅客。

由于通过地址能找到所需变量的存储单元，也可以说，地址指向该变量的存储单元。类似于一个房间的门口挂了一个房间号，这个就是该房间的地址，可以说，这个房间号"指向"该房间，即这个房间号就是该房间的"指针"，意思是通过它能找到以它为地址的存储单元。

例如：

```
int a = 5;
```

这条语句可以实现以下两个操作。

操作1：int a;。

编译系统在内存中定义了一个变量a，并且开辟了一个整型（4字节）存储单元，让变量a指向这个存储单元。

操作2：a = 5;。

编译系统把5转换成二进制形式，存储到变量a指向的这个整型存储单元中。

假设有一个字符变量c，它存储的内容是'K'（ASCII码值为十进制数75），且占用了地址（地址通常使用十六进制形式表示）为0X11A的存储单元。另外有一个指针变量p，它存储的内容是0X11A，等于变量c的地址，这种情况就称指针变量p指向了变量c的地址，或者说指针变量p指向了变量c的指针，如图8.1所示。

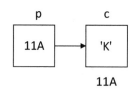

图 8.1　地址与指针

　　既然指针变量的值是一个地址，那么这个地址不仅可以是变量的地址，而且可以是其他数据结构的地址。在一个指针变量中存放一个数组或一个函数的首地址有何意义呢？因为数组或函数都是连续存放的，所以通过访问指针变量取得了数组或函数的首地址，也就找到了该数组或函数。这样一来，凡是出现数组或函数的地方都可以使用一个指针变量来表示，只要在该指针变量中赋予数组或函数的首地址即可。这样做，将会使程序的概念十分清楚，程序本身也精炼、高效。在 C 语言中，一种数据类型或数据结构往往占用一组连续的存储单元。使用"地址"这个概念并不能很好地描述一种数据类型或数据结构，而"指针"虽然实际上也是一个地址，但它却是一个数据结构的首地址，是"指向"一个数据结构的，因而使用"指针"这个概念更为清楚，表示更为明确。这也是引入"指针"这个概念的一个重要原因。

　　严格来说，一个指针就是一个地址，是一个常量，而一个指针变量却可以被赋予不同的值，是一个变量。但常把指针变量简称为指针。为了避免混淆，约定"指针"指地址，是常量，"指针变量"指取值为地址的变量。定义指针的目的是通过指针访问存储单元。

8.2　变量的指针和指向变量的指针变量

【例 8.1】答疑教室。

　　期末考试前，主讲教师在最后一节课通知学生下周会有助教答疑，但是由于期末教室紧张，因此答疑教室还没有确定。主讲教师告诉学生：答疑那天，在教研室的黑板上会有答疑教室的房间号。假设学生已经知道教研室的房间号为 102，请问如何找到助教？

　　假设答疑教室使用 room 表示，教研室使用 p 表示。对于学生来说，教研室的位置已知，可以先通过教研室的房间号找到教研室，再查看黑板上书写的答疑教室的房间号，即可得知答疑教室的所在位置，从而找到助教。

　　答疑教室的房间号相当于变量 room 的地址。由于变量 room 的地址被存储在指针变量 p 中，因此可以通过指针变量 p 取出变量 room 的地址，从而实现对变量 room 的间接访问，如图 8.2 所示。

编号	101	102	103	104	105	106	107	108	109
		106				助教			
变量		p				room			

图 8.2　通过指针变量 p 取出变量 room 的地址

那么如何在运行程序时获得变量 room 的地址呢？如何通过指针变量 p 实现对变量 room 的间接访问呢？

可以使用教师编号表示助教。先使用 "&" 获取变量 room 的地址并将其赋给指针变量 p，再通过指针变量 p 访问变量 room。

程序代码如下：

```
#include <stdlib.h>
#include <stdio.h>

int main()
{
    int room= 1582;              //假设助教的教师编号为1582
    int *p= NULL;                //指针变量p是指向整数的，初始化为空
    p = &room;                   //指针变量p存储变量room的地址
    printf("房间号是:%X\n", p);   //以十六进制形式输出指针变量p的值
    printf("教师编号是: %d\n", *p); //输出指针变量p的值
    system("pause");
    return 0;
}
```

其中，"*" 既是指针运算符，又是间接访问运算符。当它作用于指针变量时，将访问指针变量指向的对象。"&" 用于获取变量的地址，只能作用于内存中的对象，即变量与数组元素，不能作用于表达式、常量或寄存器变量。

为了表示指针变量和它指向的变量之间的关系，在程序中使用 "*" 表示 "指向"。例如，i_pointer 表示指针变量，而*i_pointer 是指针变量 i_pointer 指向的变量，如图 8.3 所示。

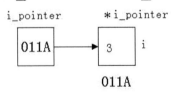

图 8.3　变量的指针和指向变量的指针变量

因此，下面两行语句的作用相同。

```
i=3;
*i_pointer=3;
```

其中，第二行语句的含义是将 3 赋给指针变量 i_pointer 指向的变量。

8.2.1　指针变量的定义

指针变量的定义的一般形式如下：

```
类型标识符 *指针变量名；
```

其中，类型标识符是指针变量指向存储单元的数据类型，可以是任意合规的数据类型；"*" 用于说明指针变量，以区别于普通变量，指针变量名是合规的标识符。

其具体含义为定义一个指向类型标识符的指针变量，编译系统为该指针变量分配存储单元。

例如：

```
int *p1;
```

p1 是一个指针变量，它的值是某个整型变量的地址，或者说，p1 指向一个整型变量。至于 p1 究竟指向哪个整型变量，应由 p1 赋予的地址来决定。

在定义指针变量时应注意以下几点。

（1）需要明确该指针变量指向的数据类型，即该指针变量指向的存储单元可以存放什么类型的数据，对该指针变量的运算与它指向的数据类型密切相关。

例如：

```
int x;
int *p;
double y,*q;
p = &x;
q = &y;
```

在本程序中，指针变量 p 只能指向整型变量，指针变量 q 只能指向双精度型变量。

因为指针变量中只能存放变量 x 的首地址，因此语句 int *p;实际上是告诉计算机以访问整数的方式看待内存，而语句 p = &x;则是通过指针变量 p 找到变量 x 所在存储单元的开始位置，因为指针变量 p 只能访问整数，所以一次性从存储单元中取出 4 字节进行访问。

（2）在定义指针变量时，"*"是指针运算符，用来说明该变量是指针变量；在对指针变量指向的变量进行间接访问时，"*"是间接访问运算符，用来访问指针变量指向的存储单元。

```
int num;
int *p = &num;
num = 100;
*p = 100;
```

语句 int *p = #中的*p，用来声明 p 是指针变量。当 p 被定义为指针变量后，再次出现的语句*p = 100;中的*p，用来表示获得指针变量 p 所指向存储单元中的内容。

（3）指针变量用于存放指向变量的地址，地址通常是一个无符号整数。因此，所有指针变量占用相同大小的存储单元，具体占用存储单元的多少与计算机系统和编译系统有关。在 32 位操作系统中，指针变量占用 32bit 存储单元；在 64 位操作系统中，指针变量占用 64bit 存储单元。

8.2.2　指针变量的初始化

指针变量同普通变量一样，在引用之前不仅要定义，而且必须初始化。未经初始化的指针变量不能引用，否则将造成系统混乱，甚至死机。

定义指针变量的同时给它赋初值，被称为指针变量的初始化。指针变量的初始化的一般形式如下：

```
类型标识符 *指针变量名=地址；
```

例如：

```
int m=10,n[8]={1,2,3,4,5,6,7,8};
char c; int *pm=&m;
int *pn=n; /*将数组 n 的首地址赋给指针变量 pn*/
char *pc=&c;
char *pc=&c;
```

在初始化指针变量时应注意以下几点。

对指针变量的初始化，不是对指针变量指向的变量的初始化。例如，在前面的指针变量初始化示例中，把"&m""n""&c"分别赋给了指针变量"pm""pn""pc"，而不是赋给指针变量指向的变量"*pm""*pn""*pc"。

指针变量指向的变量的类型必须与指针变量的类型一致。若类型不一致，则会导致很大的错误。例如，以下初始化方式是错误的。

```
double m;
int *pm=&m;
```

可以使用一个指针变量的值初始化另一个指针变量。例如：

```
int n;
int *pn=&n;
int *qn=pn;
```

在对指针变量初始化时，不能把除数组名外的常量赋给指针变量。例如，以下初始化方式是错误的。

```
int *p=300;
```

可以把一个指针变量初始化为一个空指针（不指向任何对象的指针）。在刚定义指针变量时，由于它的值是不确定的，因此它指向一个不确定的存储单元，若这时引用指针变量，则可能产生不可预料的后果（破坏程序或数据）。为了避免这些问题的产生，可以给指针变量赋确定的值，还可以给指针变量赋空值，说明该指针变量不指向任何变量。空值用 NULL 表示，例如：

```
int * pn=NULL;
```

8.2.3　指针变量的引用

指针变量同普通变量一样，在引用之前不仅要定义，而且必须初始化。未经初始化的指针变量不能引用，否则将造成系统混乱，甚至死机。在对指针变量赋值时，只能赋予地址，不能赋予任何其他数据，否则将引起错误。在 C 语言中，变量的地址是由编译系统分配的，对用户完全透明，用户不知道变量的具体地址。

下面是与指针变量的引用有关的两个运算符。

（1）*：指针运算符、间接访问运算符。

（2）&：取地址运算符。

C 语言提供了"&"，用来表示变量的地址。其一般形式如下：

```
&变量名;
```

例如，&a 表示变量 a 的地址，&b 表示变量 b 的地址。变量本身必须预先声明。

假设有指向整型变量的指针变量 p，把整型变量 a 的地址赋予指针变量 p 有以下两种方式。

（1）初始化指针变量。

```
int a;
int *p=&a;
```

（2）使用赋值语句。

```
int a;
int *p;
p=&a;
```

因不允许把一个常量赋予指针变量，故以下赋值语句是错误的。

```
int *p; p=1000;
```

被赋值的指针变量前不能添加"*"，如*p=&a 也是错误的。

例如：

```
int i=200,x;
int *ip;
```

上述语句不仅定义了整型变量 i 和 x，而且定义了指向整数的指针变量 ip。其中，整型变量 i 和 x 中可以存放整数，而指针变量 ip 中只能存放整型变量的地址。可以把整型变量 i 的地址赋给指针变量 ip，即：

```
ip=&i;
```

此时，指针变量 ip 指向整型变量 i，若整型变量 i 的地址为 1800，则这个赋值可以形象地理解为如图 8.4 所示的联系。

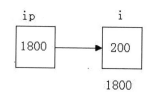

图 8.4　指针变量 ip 指向整型变量 i

之后，可以通过指针变量 ip 间接访问整型变量 i，即：

```
x=*ip;
```

其中，"*"用于访问以指针变量 ip 为地址的存储单元，而指针变量 ip 中存储的是整型变量 i 的地址。由此可知，*ip 访问的是起始地址为 1800 的存储单元（实际上是从 1800 开始的 4 字节存储单元），就是整型变量 i 占用的存储单元。因此，上面的赋值表达式等价于：

```
x=i;
```

另外，指针变量和一般变量一样，存储在它们中的值是可以被改变的，也就是说，可以改变它们的指向。例如：

```
char i,j,*p1,*p2;
i='a';
j='b';
p1=&i;
p2=&j;
```

可以形象地理解为如图 8.5 所示的联系。

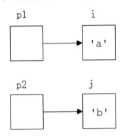

图 8.5　指针变量指向一般变量

这时，若赋值表达式为 p2=p1，则使指针变量 p2 与 p1 均指向整型变量 i，*p2 就等价于整型变量 i，而不是整型变量 j，如图 8.6 所示。

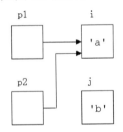

图 8.6　指针变量 p1 与 p2 均指向整型变量 i

如果执行表达式*p2=*p1;，那么表示把指针变量 p1 指向的内容赋给指针变量 p2 指向的区域，此时就变成如图 8.7 所示的联系。

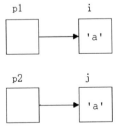

图 8.7　把指针变量 p1 指向的内容赋给指针变量 p2 指向的区域

通过指针变量访问它指向的变量是以间接访问的形式进行的，这样比直接访问变量要浪费时间，且不直观。这是因为通过指针变量要访问哪个变量，取决于指针变量的指向。例如，*p2=*p1;实际上就是 j=i;，前者不仅速度慢而且目的不明确。可以通过改变指针变量

语言程序设计

的指向，以间接访问不同的变量，这样不仅可以给程序员带来很大的灵活性，而且可以使程序代码编写得更为简洁、有效。

指针变量可以出现在表达式中，假设：

```
int x,y, *px=&x;
```

指针变量 px 指向 x，此时*px 可以出现在 x 能出现的任何位置。

例如：

```
y=*px+5;   /*表示把 x 的值加 5 后赋给 y*/
y=++*px;   /*表示把 *px 的值加 1 后赋给 y，相当于++(*px)*/
y=*px++;   /*相当于 y=*px; px++*/
```

【例 8.2】指针变量的引用示例 1。

程序代码如下：

```
void main()
{
int a,b;
int *pointer_1,*pointer_2;
a=100; b=10;
pointer_1=&a; pointer_2=&b;
printf("%d,%d\n",a,b);
printf("%d,%d\n",*pointer_1,*pointer_2);
}
```

（1）在本程序开头虽然定义了指针变量 pointer_1 和 pointer_2，但是它们并未指向任何整型变量。这里只是提供两个指针变量，规定它们可以指向整型变量。本程序第 6 行的作用就是使指针变量 pointer_1 指向整型变量 a，使指针变量 pointer_2 指向整型变量 b，如图 8.8 所示。

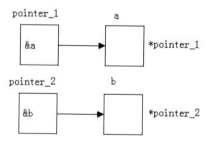

图 8.8　指针变量 pointer_1 和 pointer_2 的指向示例

（2）本程序最后一行中的*pointer_1 和*pointer_2 表示整型变量 a 和 b。最后两个 printf 函数的功能是相同的。

本程序中有两处出现*pointer_1 和*pointer_2，它们的含义不同。第 4 行中的*pointer_1 和*pointer_2 表示定义指针变量 pointer_1 和 pointer_2。它们前面的"*"只表示该变量是指针变量。最后一行的 printf 函数中的*pointer_1 和*pointer_2 则表示指针变量 pointer_1 和 pointer__2 指向的变量。

（3）本程序第 6 行中的 pointer_1=&a 和 pointer_2=&b 不能写成*pointer_1=&a 和 *pointer_2=&b。

思考：如果已经执行了语句 pointer_1=&a;，那么&*pointer_1 的含义是什么？*&a 的含义是什么？(pointer_1)++和 pointer_1++的区别是什么？

【例 8.3】指针变量的引用示例 2。

程序代码如下：

```
int main ()
{
unsigned char a;
unsigned char *p;
a = 10;
p = &a;
printf("--------------整型变量 a 的地址--------------\r\n");
printf("&a=0x%x\r\n",&a) ;
printf("p=0x%x\r\n",p) ;
printf("&p=0x%x\r\n",&p) ;
printf("\r\n") ;
printf("--------------整型变量 a 的值--------------\r\n");
printf("a=%d\r\n",a) ;
printf("*p=%d\r\n", *p);
printf("\r\n") ;
printf("-------------通过指针变量改变整型变量 a 的值--------------\r\n");
*p = 11;
printf("a=%d\r\n",a) ;
printf("*p=%d\r\n",*p) ;
printf("--------------通过地址改变整型变量 a 的值--------------\r\n");
*(unsigned int *)&a = 12;
printf("a=%d\r\n",a) ;
printf("*p=%d\r\n", *p) ;
printf("\r\n") ;
}
```

8.2.4　指针变量作为函数参数

在 C 语言中，函数参数不仅可以是整数、小数、字符等具体的数据，而且可以是指向它们的指针变量。指针变量作为函数参数可以将函数外部的地址传递到函数内部，以使在函数内部可以操作函数外部的数据，且这些数据不会随着函数的结束而被销毁。还有像数组、字符串、动态分配的内存等都是一系列数据的集合，没有办法通过一个参数全部传入函数内部，只能传递它们的指针变量，在函数内部通过指针变量来影响这些数据的集合。

【例 8.4】输入两个整数并将其按从大到小的顺序输出。使用函数处理，且将指针变量作为函数参数。

程序代码如下：

```
swap(int *p1,int *p2)
{
int temp;
temp=*p1;
*p1=*p2;
*p2=temp;
}
void main()
{
int a,b;
int *pointer_1,*pointer_2;
scanf("%d,%d",&a,&b);
pointer_1=&a; pointer_2=&b;
if(a<b)
swap(pointer_1,pointer_2);
printf("\n%d,%d\n",a,b);
}
```

（1）swap 函数是自定义函数，功能是交换变量 a 和 b 的值。swap 函数的形参 p1 和 p2 均是指针变量。在运行程序时，先执行 main 函数，输入变量 a 和 b 的值，再将变量 a 和 b 的值分别赋给指针变量 pointer_1 和 pointer_2，使指针变量 pointer_1 指向变量 a、指针变量 pointer_2 指向变量 b，如图 8.9 所示。

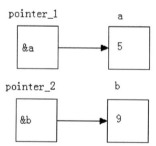

图 8.9　指针变量 pointer_1 和 pointer_2 的指向示例

（2）执行 if 语句，由于 a<b，因此执行 swap 函数。注意，实参 pointer_1 和 pointer_2 是指针变量，在调用函数时，要将实参的值传递给形参，采取的依然是传值方式。因此，虚实结合后形参 p1 的值为&a，形参 p2 的值为&b。这时形参 p1 和实参 pointer_1 指向变量 a，形参 p2 和实参 pointer_2 指向变量 b，如图 8.10 所示。

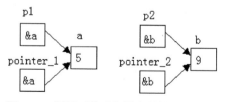

图 8.10　调用函数后指针变量的指向示例

（3）执行 swap 函数的函数体，使*p1 和*p2 的值交换，也就是将变量 a 和 b 的值交换，如图 8.11 所示。

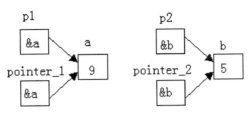

图 8.11　将变量 a 和 b 的值交换

调用函数结束后，形参 p1 和 p2 将不复存在（已被释放），如图 8.12 所示。

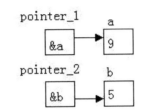

图 8.12　调用函数结束后的情况

（4）在 main 函数中输出的变量 a 和 b 的值是已经交换过的值。

那么交换*p1 和*p2 的值是如何实现的呢？以下程序中存在错误。

```
swap(int *p1,int *p2)
{
int *temp;
*temp=*p1; /*此语句存在错误*/
*p1=*p2;
*p2=*temp;
}
```

在本程序中，*temp 是指针变量 temp 指向的变量。由于未给指针变量 temp 赋值，因此指针变量 temp 的值是不可预见的，指针变量 temp 指向的存储单元也是不可预见的。也就是说，对*temp 赋值就是向一个未知的存储单元赋值，而这个存储单元中可能存在一个有用的数据，这样就可能破坏系统的正常工作状况。

观察下面的程序代码，结合【例 8.4】，思考能否实现变量 a 和 b 的交换。

```
swap(int x,int y)
{
int temp;
temp=x;
x=y;
y=temp;
}
```

显然，变量 a、b 的值并没有发生改变，交换失败。指针变量的指向情况如图 8.13 所示。这是因为 swap 函数内部的变量 x、y 和 main 函数内部的变量 a、b 是不同的变量，占

用不同的存储单元,它们除了名称一样,没有其他任何关系。使用 swap 函数交换的是它内部的变量 x、y 的值,不会影响它外部的变量 a、b 的值。

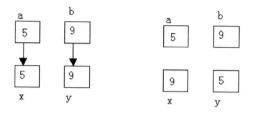

图 8.13　指针变量的指向情况

【例 8.5】观察下面的程序代码,结合【例 8.4】,思考能否实现变量 a 和 b 的交换。

```
swap(int *p1,int *p2)
{
int *p; p=p1; p1=p2; p2=p;
}
main()
{
int a,b;
int *pointer_1,*pointer_2;
scanf("%d,%d",&a,&b);
pointer_1=&a;pointer_2=&b;
if(a<b)
swap(pointer_1,pointer_2);
printf("\n%d,%d\n",*pointer_1,*pointer_2);
}
```

很明显,不能实现变量 a 和 b 的交换。其问题在于不能实现如图 8.14 所示的步骤(d)。

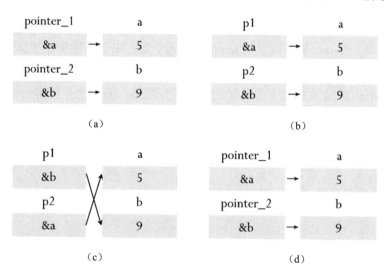

图 8.14　形参和实参的值的改变情况

【例 8.6】输入 3 个整数,并将其按从大到小的顺序输出。

程序代码如下：

```
swap(int *pt1,int *pt2)
{
int temp; temp=*pt1;
*pt1=*pt2;
*pt2=temp;
}
exchange(int *q1,int *q2,int *q3)
{
if(*q1<*q2) swap(q1,q2);
if(*q1<*q3) swap(q1,q3);
if(*q2<*q3) swap(q2,q3);
}
void main()
{
int a,b,c,*p1,*p2,*p3;
scanf("%d,%d,%d",&a,&b,&c);
p1=&a;p2=&b; p3=&c; exchange(p1,p2,p3);
printf("\n%d,%d,%d \n",a,b,c);
}
```

在本程序中，exchange 函数的功能是对 3 个整数按从大到小排序，在执行 exchange 函数的过程中，要嵌套调用 swap 函数，swap 函数的功能是对 2 个整数按从大到小排序，通过调用 swap 函数（最多调用 3 次）实现 3 个整数的排序。

8.2.5　指针变量几个问题的进一步说明

1. 指针运算符

（1）&：取地址运算符，是单目运算符，结合方向为自右至左，功能是取变量的地址。在 scanf 函数及前面介绍的为指针变量赋值中已经使用了 "&"。

（2）*：取内容运算符，是单目运算符，结合方向为自右至左，功能是用于表示指针变量指向的变量。"*" 之后的变量必须是指针变量。

例如，假设有一个整型变量 a，pa 是指向它的指针变量，那么*&a 和&*pa 分别是什么意思呢？

&a 可以理解为(&a)，&a 表示取整型变量 a 的地址（等价于 pa），*(&a)表示取这个地址中的数据（等价于*pa），也就是说，*&a 等价于 a。

&*pa 可以理解为&(*pa)，*pa 表示取指针变量 pa 指向的数据（等价于 a），&(*pa)表示数据的地址（等价于&a），也就是说，&*pa 等价于 pa。

【例 8.7】请简要说明以下程序的功能。

程序代码如下：

```
void main()
{
    int a=5,*p=&a;
    printf("%d",*p);
}
```

本程序的功能是将整型变量 a 的地址赋予指针变量 p。其中，语句 printf("%d",*p)表示输出整型变量 a 的值。

2. 指针变量的运算

使用指针变量可以进行某些运算，但其运算的种类是有限的。使用指针变量只能进行赋值运算，以及部分算术运算和关系运算。

1）赋值运算

指针变量的赋值运算有以下几种形式。

（1）初始化指针变量，前面已介绍。

（2）把一个变量的地址赋予指向相同数据类型的指针变量。例如：

```
int a,*pa;
pa=&a; /*把整型变量 a 的地址赋予指针变量 pa*/
```

（3）把一个指针变量的值赋予指向相同数据类型变量的另一个指针变量。例如：

```
int a,*pa=&a,*pb;
pb=pa;/*把 a 的地址赋予指针变量 pb*/
```

由于 pa 和 pb 均为指向整型变量的指针变量，因此二者可以相互赋值。

（4）把数组的首地址赋予指向数组的指针变量。例如：

```
int a[5],*pa;
pa=a;   /*因数组名代表数组的首地址，故可以将其赋予指向数组的指针变量 pa*/
```

也可写为：

```
pa=&a[0];/*数组第一个元素的地址也是整个数组的首地址，可以将其赋予指向数组的指针变量 pa*/
```

当然，也可以采取初始化的方法。例如：

```
int a[5],*pa=a;
```

（5）把字符串的首地址赋予指向字符的指针变量。例如：

```
char *pc;
pc="C Language";
```

当然，也可以采用初始化的方法。例如：

```
char *pc="C Language";
```

这里应注意，并不是把整个字符串装入指针变量，而是把存放该字符串的字符数组的首地址装入指针变量。在后文将详细介绍。

（6）把函数的入口地址赋予指向函数的指针变量。例如：

```
int (*pf)();
pf=f;   /*f 为函数名*/
```

2）加减算术运算

对于指向数组的指针变量，可以加上或减去一个整数。若 pa 是指向数组 a 的指针变量，则 pa+n、pa−n、pa++、++pa、pa−−、−−pa 都是合规的。指针变量加上或减去一个整数 n 的意义是，把指针变量指向的当前位置（指向某个数组元素）向前或向后移动 n 个位置。应注意，指向数组的指针变量向前或向后移动一个位置和地址加上 1 或减去 1 在概念上是不同的。这是因为数组可以有不同的类型，各种类型的数组元素所占的存储单元是不同的。例如，指针变量加上 1，即向后移动 1 个位置，表示指针变量指向下一个元素的首地址，而不是在原地址的基础上加上 1。例如：

```
int a[5],*pa;
pa=a;        /*指针变量pa指向数组a，也指向 a[0]*/
pa=pa+2;     /*指针变量pa指向a[2]，即指针变量pa的值为&pa[2]*/
```

指针变量的加减算术运算只能对指向数组的指针变量进行，对指向其他数据类型的指针变量进行加减算术运算毫无意义。

3）关系运算

只有指向同一个数组的两个指针变量才能进行关系运算，否则关系运算毫无意义。

（1）两个指针变量相减的差是两个指针变量指向数组元素之间相差的元素个数，实际上是两个地址相减的差除以该数组元素的长度。例如，pf1 和 pf2 是指向同一个数组的两个指针变量，若 pf1 的值为 2010H，pf2 的值为 2000H，而数组中的每个元素占 4 字节存储单元，则 pf1−pf2 的结果为(2000H−2010H)/4=4，表示 pf1 和 pf2 之间相差 4 个元素。两个指针变量不能进行加法关系运算，如 pf1+pf2 毫无意义。

（2）指向同一个数组的两个指针变量进行关系运算可以表示它们指向的数组元素之间的关系。

例如，pf1==pf2 表示 pf1 和 pf2 指向同一个数组元素；pf1>pf2 表示 pf1 处于高地址的位置；pf1<pf2 表示 pf1 处于低地址的位置。此外，指针变量还可以与 0 进行比较。

若 p 为指针变量，则 p==0 表示 p 是空指针，不指向任何变量；p!=0 表示 p 不是空指针。空指针是由为指针变量赋 0 而得到的。例如：

```
#define NULL 0
int *p=NULL;
```

为指针变量赋 0 和不赋值是不同的。指针变量在未被赋值时，可以是任意值，是不能使用的，否则将产生错误。而在为指针变量赋 0 后，则可以使用，只是它不指向具体的变量而已。

【例 8.8】观察下面的程序，思考程序的运行结果。

程序代码如下：

```
void main()
{
    int a=10,b=20,s,t,*pa,*pb;    /*pa和pb均为指针变量*/
```

```
    pa=&a;                              /*给指针变量pa赋值,指针变量pa指向变量a*/
    pb=&b;                              /*给指针变量pb赋值,指针变量pb指向变量b*/
    s=*pa+*pb;                          /*求a与b之和,(*pa等价于a,*pb等价于b)*/
    t=*pa**pb;                          /*求a与b之积*/
    printf("a=%d\nb=%d\na+b=%d\na*b=%d\n",a,b,a+b,a*b);
    printf("s=%d\nt=%d\n",s,t);
}
```

【例 8.9】观察下面的程序,思考程序的运行结果。

程序代码如下:

```
void main()
{
    int a,b,c,*pmax,*pmin;              /*pmax和pmin均为指针变量*/
    printf("input three numbers:\n");  /*输入提示信息*/
    scanf("%d%d%d",&a,&b,&c);           /*输入3个数字*/
    if(a>b)                             /*第1个数字大于第2个数字*/
    {                                   /*为指针变量赋值*/
        pmax=&a;
        pmin=&b;
    }
    else
    {                                   /*为指针变量赋值*/
        pmax=&b;
        pmin=&a;
    }
    if(c>*pmax) pmax=&c;                 /*判断并赋值*/
    if(c<*pmin) pmin=&c;                 /*判断并赋值*/
    printf("max=%d\nmin=%d\n",*pmax,*pmin); /*输出结果*/
}
```

8.3 数组指针和指向数组的指针变量

一个变量有一个地址,一个数组包含若干个元素,每个数组元素都在内存中占用存储单元,都有相应的地址。数组指针指数组的起始地址,数组元素的指针指数组元素的地址。

8.3.1 指向数组的指针变量

数组是具有相同数据类型元素的有序集合,每个数据都叫作一个数组元素。数组中的所有元素在内存中都是连续排列的,整个数组占用的是一片连续的存储单元。数组名就是这块连续的存储单元的首地址。数组由各个数组元素(下标变量)组成。数组元素按类型的不同占用连续的存储单元。一个数组元素的首地址也指它占用的几个连续的存储单元的首地址。

定义一个指向数组的指针变量的方法，与前面介绍的定义指针变量的方法相同。

例如：

```
int a[10];        /*定义 a 为包含 10 个整数的数组*/
int *p;           /*定义 p 为指向整型变量的指针变量*/
```

注意，因为数组为整型，所以指针变量也应指向整型变量。下面对指针变量赋值。

```
p=&a[0];
```

上述语句用于把元素 a[0]的地址赋给指针变量 p。也就是说，指针变量 p 指向数组 a 的第 0 号元素，如图 8.15 所示。

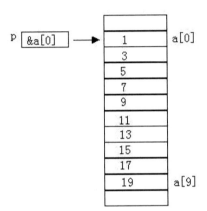

图 8.15　指向数组的指针变量

C 语言规定，数组名代表数组的首地址，也就是第 0 号元素的地址。因此，下面两条语句等价。

```
p=&a[0];
```

```
p=a;
```

在定义指针变量时可以为其赋初值。例如：

```
int *p=&a[0];
```

等价于：

```
int *p;
p=&a[0];
```

当然，也可以写成以下形式。

```
int *p=a;
```

可以看出，p、a、&a[0]均指向同一个存储单元，是数组 a 的首地址，也是第 0 号元素 a[0]的首地址。需要说明的是，p 是指针变量，而 a 和&a[0]都是常量。

指向数组的指针变量的定义的一般形式如下：

```
类型标识符 *指针变量名;
```

其中，类型标识符表示指向数组的类型。可以看出，指向数组的指针变量和指向普通变量的指针变量的定义是相同的。

8.3.2　通过指针变量引用数组元素

C 语言规定，如果指针变量 p 已指向数组中的一个元素，那么 p+1 指向同一个数组中的下一个元素。

注意，在执行 p+1 时并不是将指针变量 p 的地址简单地加 1，而是根据定义的基本类型加上一个数组元素占用的字节数。

引入指针变量后，就可以访问数组元素了。如果指针变量 p 的初值为&a[0]，那么 p+i 和 a+i 就是 a[i]的地址，或者说，它们指向数组 a 的第 i 个元素，如图 8.16 所示。

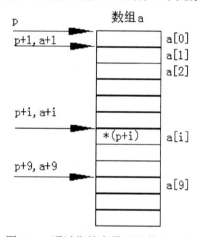

图 8.16　通过指针变量引用数组元素

（1）*(p+i)或*(a+i)是 p+i 或 a+i 指向的数组元素，即 a[i]。在图 8.16 中，此时的 i 为 6，即*(p+6)或*(a+6)就是 a[6]。

（2）指向数组的指针变量也可以带下标，如 p[i]与*(p+i)等价。综上可知，要引用一个数组元素可以使用以下方法。

① 下标法，即使用 a[i]的形式访问数组元素。在前面介绍数组时使用的都是这种方法。

② 指针法，即使用*(a+i)或*(p+i)的形式间接访问数组元素，其中的 a 是数组名，p 是指向数组的指针变量，初值为 a。

【例 8.10】使用下标输出全部数组元素。

```c
#include <stdio.h>
int main()
{   int a[10];
    int i;
    printf("please enter 10 integer numbers:");
    for(i=0;i<10;i++)
    scanf("%d",&a[i]);
    for(i=0;i<10;i++)
    printf("%d ",a[i]);
    //使用下标输出全部数组元素
```

```
    printf("%\n");
    return 0;
}
```

【例 8.11】通过数组名和元素序号计算元素的地址，找到元素，从而输出全部数组元素。

```
#include <stdio.h>
int main()
{   int a[10];
    int i;
    printf("please enter 10 integer numbers:");
    for(i=0;i<10;i++)
    scanf("%d",&a[i]);
    for(i=0;i<10;i++)
    printf("%d ",*(a+i));
    //通过数组名和元素序号计算元素的地址，找到元素，从而输出全部数组元素
    printf("\n");
    return 0;
}
```

【例 8.12】使用指针变量指向当前数组元素，从而输出全部数组元素。

```
#include <stdio.h>
int main()
{   int a[10];
    int *p,i;
    printf("please enter 10 integer numbers:");
    for(i=0;i<10;i++)
    scanf("%d",&a[i]);
    for(p=a;p<(a+10);p++)
    printf("%d ",*p);
    //使用指针变量指向当前数组元素，从而输出全部数组元素
    printf("\n");
    return 0;
}
```

　　【例 8.10】和【例 8.11】中的操作方法的执行速度是相同的。编译系统是将 a[i]转换为 *(a+i)处理的，即先计算元素的地址。因此，要使用这两种方法输出数组元素比较费时。

　　【例 8.12】中的操作方法的执行速度较快，使用指针变量指向当前数组元素，不必每次都重新计算地址。像 p++这样的自加操作，执行速度是比较快的。这种有规律地改变地址的方法能大大地提高执行速度。

　　使用下标法比较直观，能直接知道是第几个元素，适合初学者使用。

　　相对来说，使用指针法比较不直观，难以很快地判断出当前处理的是哪个元素。但使用指针法进行，可以使程序简洁、高效。

　　通过指针变量引用数组元素应注意以下几点。

　　（1）通过改变指针变量的值指向不同的元素。

　　如果不改变指针变量 p 的值而改变数组名 a 可不可以呢？

例如，a++：因为数组名 a 代表数组元素的首地址，是一个常量，值在程序运行期间是固定不变的，所以 a++是无法实现的。

（2）要注意指针变量的当前值。例如，以下操作是错误的。

```
for(p=a;a<(p+10);a++)
printf("%d",*a);
```

8.3.3　指向字符串的指针变量

C 语言中没有字符串型变量，通常将字符串放在一个字符数组中，字符数组本质上还是一个数组。上节介绍的关于数组的规则也同样适用于字符数组。

【例 8.13】使用指针变量输出字符串。

程序代码如下：

```
#include <stdio.h>
#include <string.h>
int main(){
    char str[] = "This is a C program!";
    char *pstr = str;
    int len = strlen(str), i;

    //使用*(pstr+i)
    for(i=0; i<len; i++){
        printf("%c", *(pstr+i));
    }
    //使用 pstr[i]
    for(i=0; i<len; i++){
        printf("%c", pstr[i]);
    }
    //使用*(str+i)
    for(i=0; i<len; i++){
        printf("%c", *(str+i));
    }
        //直接输出字符串
    printf("%s\n", str);
    return 0;
}
```

除了字符数组，C 语言还支持另外一种表示字符串的方法，就是直接使用一个指针变量指向字符串，例如：

```
char *str = "This is a C program!";
```

或

```
char *str;
str = " This is a C program!";
```

字符串中的所有字符在内存中都是连续排列的，指针变量 str 指向的是字符串的第 0 个字符。通常将第 0 个字符的地址称为字符串的首地址。因为字符串中每个字符的数据类型都是字符型，所以指针变量 str 的数据类型也必须是 char *。

8.3.4　数组名作为函数参数

函数的所有参数均以传值方式进行传递，这意味着函数将获得参数值的一份拷贝。这样函数可以放心地修改这份拷贝，而不必担心会修改了调用程序实际传递给它的参数。

如果被传递的参数是一个数组名，那么由于数组名的值是一个指向数组第一个元素的指针变量，因此实际传递给函数的是指向数组起始位置的指针变量的一份拷贝，该指针变量同样指向数组的起始位置。在函数内部对形参进行间接访问，实际访问的是原数组的元素。

数组名可以作为函数的实参和形参。例如：

```
int main()
{   void fun(int arr[], int n);      //声明 fun 函数
    int array[10];                   //定义数组 array
       …
    fun(array,10);                   //数组名作函数参数
    return 0;
}
void fun(int arr[], int n)           //定义 fun 函数
{
    …
}
```

其中，array 为实参，arr 为形参。读者在学习了指针变量之后就能够很容易地理解这个问题了。数组名就是数组的首地址，实参向形参传递数组名实际上就是传递数组的地址，形参得到该地址后也指向同一个数组，如图 8.17 所示。这就好比同一件物品有两个彼此不同的名称。

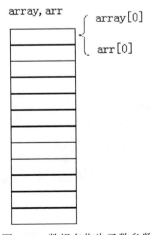

图 8.17　数组名作为函数参数

同样，指针变量的值也是地址，指向数组的指针变量的值即数组的首地址，当然也可以作为函数参数使用。

注意，实参代表一个固定的地址，或者说，代表一个指针，但形参并不代表一个固定的地址，而按指针变量处理。

在调用函数进行虚实结合后，形参的值就是实参数组元素的首地址。在函数执行期间，它可以再次被赋值。

【例 8.14】将数组 a 中的 n 个整数按相反的顺序存放。

程序代码如下：

```c
#include <stdio.h>
int main()
{   void inv(int x[],int n);                    //声明 inv 函数
    int i,a[10]={3,7,9,11,0,6,7,5,4,2};
    printf("The original array:\n");
    for(i=0;i<10;i++)
        printf("%d ",a[i]);                     //输出交换前各数组元素的值
    printf("\n");
    inv(a,10);                                  //调用 inv 函数，进行交换
    printf("The array has been inverted:\n");
    for(i=0;i<10;i++)
        printf("%d ",a[i]);                     //输出交换后各数组元素的值
    printf("\n");
    return 0;
}
void inv(int x[],int n)                         //形参 x 是数组名
{   int temp,i,j,m=(n-1)/2;
    for(i=0;i<=m;i++)
    {   j=n-1-i;
        temp=x[i]; x[i]=x[j]; x[j]=temp;        //交换 x[i]和 x[j]
    }
    return;
}
```

运行结果如图 8.18 所示。

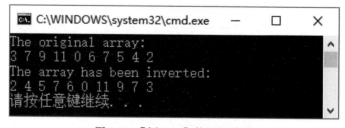

图 8.18 【例 8.14】的运行结果

先将 a[0]与 a[n-1]交换，再将 a[1]与 a[n-2]交换，以此类推，直到将 a[(n-1/2)]与 a[n-int((n-1)/2)]交换为止。这里使用循环语句处理这个问题，设两个位置指示变量分别为 i 和 j， i 的初值为 0，j 的初值为 n-1。先将 a[i] 与 a[j] 交换，使 i 的值加 1、j 的值减 1，再将 a[i] 与 a[j] 交换，直到 i=(n-1)/2 为止，如图 8.19 所示。

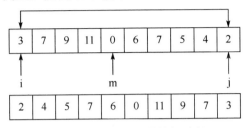

图 8.19　【例 8.14】的执行过程

【例 8.15】基于【例 8.14】，将 inv 函数的形参 x 改为指针变量。

程序代码如下：

```c
#include <stdio.h>
int main()
{   void inv(int *x,int n);
    int i,a[10]={3,7,9,11,0,6,7,5,4,2};
    printf("The original array:\n");
    for(i=0;i<10;i++)
        printf("%d ",a[i]);
    printf("\n");
    inv(a,10);
    printf("The array has been inverted:\n");
    for(i=0;i<10;i++)
        printf("%d ",a[i]);
    printf("\n");
    return 0;
}
void inv(int *x,int n)
{   int *p,temp,*i,*j,m=(n-1)/2;
    i=x; j=x+n-1; p=x+m;
    for(;i<=p;i++,j--)
    {   temp=*i; *i=*j; *j=temp;}  //交换*i与*j
    return;
}
```

本程序的运行结果与【例 8.14】的运行结果相同。

假设有一个实参数组，要想在函数中改变此数组中元素的值，实参与形参的对应关系应有以下 4 种情况。

（1）形参和实参都使用数组名。

程序代码如下：

```c
int main()
{   int a[10];
        …
```

```
    f(a,10);
        …
}
int f(int x[], int n)
{
        …
}
```

（2）实参使用数组名，形参使用指针变量。

程序代码如下：

```
int main()
{   int a[10];
        …
    f(a,10);
        …
}
int f(int *x, int n)
{
        …
}
```

（3）实参和形参都使用指针变量。

程序代码如下：

```
int main()
{   int a[10];
    *p=a;
        …
    f(p,10);
        …
}
int f(int *x, int n)
{
        …
}
```

（4）实参使用指针变量，形参使用数组名。

程序代码如下：

```
int main()
{   int a[10];
    *p=a;
        …
    f(p,10);
        …
}
int f(int x[], int n)
{
```

```
...
}
```

【例 8.16】使用指针法将 10 个整数按由大到小的顺序排列。（选择排序法）

程序代码如下：

```
#include <stdio.h>
int main()
{   void sort(int x[],int n);        //声明 sort 函数
    int i,*p,a[10];
    p=a;                             //指针变量 p 指向 a
    printf("please enter 10 integer numbers:");
    for(i=0;i<10;i++)
        scanf("%d",p++);             //输入 10 个整数
    p=a;                             //指针变量 p 重新指向 a
    sort(p,10);                      //调用 sort 函数
    for(p=a,i=0;i<10;i++)
    {   printf("%d ",*p);            //输出排序后的 10 个整数
        p++;
    }
    printf("\n");
    return 0;
}

void sort(int x[],int n)             //定义 sort 函数，x 是形参
{   int i,j,k,t;
    for(i=0;i<n-1;i++)
    {   k=i;
        for(j=i+1;j<n;j++)
            if(x[j]>x[k]) k=j;
        if(k!=i)
        {   t=x[i]; x[i]=x[k]; x[k]=t; }
    }
}

void sort(int *x,int n)              //形参 x 是指针变量
{   int i,j,k,t;
    for(i=0;i<n-1;i++)
    {   k=i;
        for(j=i+1;j<n;j++)
            if(*(x+j)>*(x+k)) k=j; //*(x+j)就是 x[j]，其他亦然
        if(k!=i)
        {   t=*(x+i); *(x+i)=*(x+k); *(x+k)=t; }
    }
}
```

运行结果如图 8.20 所示。

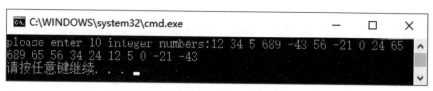

图 8.20 【例 8.16】的运行结果

选择排序是一种简单且直观的排序算法。首先在未排序的元素中找到最小（大）的元素，并将其存储到要排序元素的起始位置，其次从剩余未排序的元素中继续寻找最小（大）的元素，并将其存储到已排序元素的末尾。以此类推，直到所有元素排序完毕。

选择排序的思想其实和冒泡排序类似，都是在一次排序后把最小的元素放到最前面，或把最大的元素放在最后面，但是二者的过程不同。冒泡排序通过相邻的比较和交换实现，而选择排序则通过对整体的选择实现，每趟从前往后查找出未排序元素中最小的元素，将最小的元素交换至未排序元素中的最前面。

本程序在主函数中定义数组，用来存放 10 个整数，定义指针变量 p 指向 a，调用 sort 函数将数组中的元素按从大到小的顺序排列。

本章小结

1. 指针变量的定义

指针变量的定义如表 8.1 所示。

表 8.1 指针变量的定义

定义	含义
int *p;	p 可以指向整数，也可以指向类似 int arr[n] 的数组
int **p;	p 是一个二级指针，指向 int *类型的数据
int *p[n];	p 是一个指针数组。因为中括号的优先级高于"*"，所以又可以认为等价于 int *(p[n]);
int (*p)[n];	p 是一个二维数组指针
int *p();	p 是一个函数，返回值的类型为 int *
int (*p)();	p 是一个函数指针，指向原型为 int func() 的函数

2. "从里向外"阅读组合说明符

从标识符开始，先看它右侧有无中括号或小括号，若有则先进行解释，再看左侧有无"*"。不管在什么时候遇到小括号，都应在继续之前使用相同的规则处理小括号内的内容。

例如：

```
float *(*(*m)())[8];
```

下面将上述语句按"从里向外"的阅读顺序进行分析。

首先是*m，其次依次是(*m)()、*(*m)()、*(*m)()[8]、*(*(*m)())[8]，最后是 float*(*(*m)())[8]。概括来说，m 是一个函数指针变量，函数返回的一个地址又指向一个实型指针数组。

3．使用指针编写程序的优点

指针是 C 语言一个重要的组成部分，使用指针编写程序有以下优点。

（1）提高程序的编译效率和执行速度。

（2）使主调函数和被调函数共享变量和数据结构，便于实现双向数据通信。

（3）实现动态的存储分配。

（4）便于表示各种数据结构，编写高质量的程序。

课后习题

一、选择题

1．若有定义 int(*f)(int);，则以下叙述正确的是（　　　）。

    A．f 是整型指针变量

    B．f 是指向函数的指针变量，该函数具有一个整型形参

    C．f 是指向整型一维数组的指针变量

    D．f 是函数名，函数的返回值是整型地址

2．若要在定义 int a,b,c,*p=&c;之后执行语句，则以下能正确执行的语句是（　　　）。

    A．scanf("%d",a,b,c);   B．scanf("%d%d%d",a,b,c);

    C．scanf("%d",p);   D．scanf("%d",&p);

3．若字母 a 的 ASCII 码值为 97，则以下程序的运行结果是（　　　）。

```
#include <stdio.h> void fun(char *s)
{
    while(*s)
    { if(*s%2==0)
    printf("%c",*s); s++; }
}
main()
{
    char a[]={"good"};
    fun(a);
    printf("\n");
}
```

    A．d   B．go   C．god   D．good

4．若有以下程序：

```
struct st
    { int x;
        int *y; }
        *pt; int
        a[]={1,2},b[]={3,4};
```

```
                struct st c[2]={10,a,20,b;
    };
    pt=c;
```

则以下值为 11 的表达式是（　　）。

    A．*pt->y   B．pt->x   C．++pt->x   D．(pt++)->x

5．若有定义 int k=2;int * ptr1,* ptr2;且 ptr1 和 ptr2 均已指向变量 k，则以下不能正确执行的赋值语句是（　　）。

    A．k=* ptr1+* ptr2;   B．ptr2=k;

    C．ptr1=ptr2   D．k=* ptr1*(* ptr2);

6．以下叙述正确的是（　　）。

    A．C 语言允许 main 函数带形参，且形参个数和形参名均可以由用户指定

    B．C 语言允许 main 函数带形参，形参名只能是 argc 和 argv

    C．当 main 函数带形参时，传给形参的值只能从命令行中得到

    D．若有语句 main(int argc,char *argv)，则形参 argc 的值必须大于 1

二、程序填空题

1．以下程序的功能是使用 strcpy2 函数实现字符串的两次复制，即将 t 指向的字符串复制两次到 s 指向的存储单元中，合并成一个新字符串。例如，若 t 指向的字符串为 efgh，则调用 strcpy2 函数后，s 指向的字符串为 efghefgh。请在_____内填入正确的内容。

```c
#include <stdio.h>
#include <string.h>
void strcpy2(char *s,char *t)
{
    char *p=t;
    while(*s++=*t++);
    s=(_____);
    while(_____=*p++);
}
void main()
{
    char str1[100]="abcd",str2[]="efgh";
    strcpy2(str1,str2);
    printf("%s\n",str1);
}
```

2．以下程序的功能是输出 1～100 内的各位数的乘积大于各位数的和的数字。例如，数字 26 的各位数的乘积 12 大于各位数的和 8。请在_____内填入正确的内容。

```c
#include <stdio.h>
main()
{
```

```
    int n,k=1,s=0,m;
    for(n=1;n<=100;n++)
    {
        k=1;
        s=0;
        _____;
        while(_____)
        {
            k*=m; s+=m;_____;
        }
        if(k>s) printf("%d",n);
    }
}
```

3．以下程序的功能是通过键盘输入一个字符串，将其存入一个字符数组，并输出该字符串。请在_____内填入正确的内容。

```
#include <stdio.h>
main()
{
    char str[81],*sptr; int i;
    for(i=0;i<80;i++)
    {
        str[i]=getchar();
        if(str[i]=='\n')
        break;
    }
    str[i]=_____;
    sptr=str;
    while(*sptr) putchar(*sptr _____);
}
```

三、程序阅读题

1．以下程序的运行结果是（　　　）。

```
#include <stdio.h>
main()
{
    char *p1,*p2,str[50]="ABCDEFG";
    p1="abcd";
    p2="efgh";
    strcpy(str+1,p2+1);
    strcpy(str+3,p1+3);
    while(i<strlen(str))
    {
        printf("%c",str[i]);
        i++;
```

```
        }
    }
```

2. 以下程序的运行结果是（   ）。

```c
#include <stdio.h>
    void swap(char *x,char *y)
    { char t;t=*x; *x=*y; *y=t; }
    main()
    {
        char *s1="abc",*s2="123";
        swap(s1,s2);
        printf("%s,%s\n",s1,s2);
    }
```

3. 以下程序的运行结果是（   ）。

```c
#include <stdio.h>
    void fun(int n,int *p)
    {
        int f1,f2;
        if(n==1||n==2)
        *p=1; else
        {
            fun(n-1,&f1);
            fun(n-2,&f2);
            *p=f1+f2;
        }
    }
    main()
    {
        int s; fun(3,&s);
        printf("%d\n",s);
    }
```

4. 以下程序的运行结果是（   ）。

```c
#include <stdio.h>
    void fun(char *c,int d)
    {
        *c=*c+1;
        d=d+1;
        printf("%c,%c,",*c,d);
    }
    main()
    {
        char a='A',b='a';
        fun(&b,a);
        printf("%c,%c\n",a,b);
    }
```

四、编程题

1．使用指针变量编写函数 insert(s1,s2,f)，该函数的功能是在字符串 s1 中的指定位置 f 处插入字符串 s2。

2．编写统计函数 int count(char *string,char *type)。其中，参数 string 表示字符串；参数 type 表示指针：letter（字母）、digit（数字）、space（空格）、others（其他）；函数返回值为统计结果。

结构体与共用体

通过学习本章，读者应掌握结构体类型的声明，结构体变量的定义、初始化、引用及基本操作；熟知结构体数组的定义、引用和初始化；了解共用体变量的定义和引用；认识枚举类型的声明，以及枚举变量的定义与引用。

学习结构体与共用体的相关知识不仅能够使读者明白每一个集体都需要成员遵守相应的规则，而且能够培养读者细致钻研的学风、求真务实的品德，并培养读者理论与实践相结合的思维习惯。

9.1 结构体的概念

程序设计中经常需要将类型不同而又相关的数据组织在一起，统一管理。例如，在图书管理系统中，图书的基本信息应该包括书号、书名、作者姓名、出版社名称和价格等。又如，在高考成绩管理系统中，学生的基本信息应该包括考号、姓名、性别、籍贯、各科成绩等。这些信息的类型各不相同，不能使用数组表示，当然也不能将各项分别定义成简单变量。这样不仅会造成程序混乱，而且体现不出各项数据之间的逻辑关系。为此，C 语言提供了另一种构造类型数据，即结构体，它将不同类型的相关数据组合在一起，并将其组织在一个名称下以便处理。

结构体类型是由不同类型的数据组合而成的构造类型。不像基本类型已由系统定义好，结构体类型需要程序员根据需求来声明。结构体类型中的数据被称为结构体成员，每个结构体成员都可以是除空类型外的任意一种类型。只有声明了结构体类型，才能定义该类型的变量，即结构体变量。

需要注意的是，类型是型，变量是值，二者是不同的概念，不要混淆。可以对变量进行赋值、存取等，但不可以对类型进行赋值、存取等。在编译时，编译系统不对结构体类型分配存储单元，只对变量分配存储单元。

9.2 结构体类型

在实际应用中，经常会要求用户设计一个合理的二维表格来保存一些相关信息。例如，设计一个高考成绩表，如表 9.1 所示。

表 9.1 高考成绩表

考号	姓名	性别	年龄	籍贯	语文	数学	外语	综合	总分
10001	张三	M	18	湖北	125	140	136	268	669
10002	李四	F	18	湖南	110	100	90	210	510
10003	王五	F	17	北京	136	120	130	200	586
10004	钱六	M	19	北京	104	98	110	205	517
10005	洪七	M	18	上海	120	96	100	189	505

如果二维表格中的所有列都来自相同类型的数据，那么可以使用二维数组来处理。然而，从表 9.1 中可以看出，该二维表格中的列是由若干个不同类型的数据组成的。因此，不能使用二维数组来处理。分析表 9.1 可以得知，该表格由两部分组成：型（表名和表头）和值（表格中的数据）。在 C 语言中，声明结构体类型用于表示表格的型，定义结构体变量或数组用于表示表格的值。下面将详细介绍结构体类型的声明，以及结构体变量的定义、初始化、引用及基本操作。

9.2.1 结构体类型的声明

结构体类型的声明的一般形式如下：

```
struct 结构体类型名
{
    数据类型 1 成员名 1;
    数据类型 2 成员名 2;
    数据类型 3 成员名 3;
    …    …
    数据类型 n 成员名 n;
};
```

其中，结构体类型名相当于表名，成员名相当于列名。结构体类型名和成员名都应符合标识符的命名规则。

例如，若程序中要用到表 9.1 中的数据结构，则可以声明一个考生成绩的结构体类型。

```
struct studentScore
{
    char sno[6];        /*考号*/
    char name[15];      /*姓名*/
    char sex;           /*性别*/
```

```
    int age;          /*年龄*/
    char origin[10];  /*籍贯*/
    float score[5];   /*成绩*/
};
```

其中，struct 是在声明结构体类型时必须使用的关键字，不可缺少；studentScore 是结构体类型名；sno、name、sex、age、origin 和 score 是结构体类型的 6 个成员，必须要用大括号将其括起来，并且要以分号结束；struct studentScore 是一个数据类型，即类型标识符，类似于 int、char、float、double 等类型标识符。声明结构体类型后，就可以定义结构体变量了。注意，成员可以是任意数据类型。

例如，把表 9.1 中的年龄改为出生日期，由于出生日期是由年、月、日 3 个成员组成的，因此出生日期的结构体类型的声明如下：

```
struct date
{
    int year;
    int month;
    int day;
};
```

修改后的考生成绩的结构体类型的声明如下：

```
struct studentScore1
{
    char sno[6];
    char name[15];
    char sex;
    struct date birthday;
    char origin[10];
    float score[5];
};
```

其中，struct studentScore1 中含有一个 struct date 结构体类型的成员 birthday，形成了结构体类型的嵌套声明，即一个结构体类型中的某个成员又是另一个结构体变量。一般来说，程序员可以通过结构体类型的嵌套声明来描述二维表格中含有子表的数据结构。

在编写程序时，为了简化结构体类型的书写方式，提高程序的可读性，允许用户为已经存在的数据类型起一个别名。其一般形式如下：

```
typedef 原数据类型名 新数据类型名;
```

例如：

```
typedef int INTEGER;       /*INTEGER 代表 int，二者完全等价*/
typedef char CHARACTER;    /*CHARACTER 代表 char，二者完全等价*/
typedef struct date DATE;  /*DATE 代表 struct date，二者完全等价*/
```

实际上，在声明一个结构体类型的同时会起别名。例如，上面的 struct date 结构体类型也可以这样声明：

```
typedef struct date
{
    int year; int month; int day;
}DATE;
```

注意，使用 typedef 并不是重新声明数据类型，而是对已经存在的数据类型起一个别名，以提高程序的清晰度和可读性。习惯上常使用大写字母表示使用 typedef 起的别名，以与原数据类型区分。

9.2.2　结构体变量的定义、初始化、引用及基本操作

在声明结构体类型时系统不会为结构体类型分配存储单元，而在定义结构体变量时系统会为结构体变量分配存储单元，从而对结构体变量进行各种操作。

1．结构体变量的定义

定义好结构体类型之后，就可以定义结构体变量了。定义结构体变量有以下 3 种方法。

（1）先定义结构体类型，再定义结构体变量。其一般形式如下：

```
结构体类型 变量名;
```

例如：

```
DATE d1,d2      /*等价于 struct date d1,d2*/
struct studentScore1 stu1,stu2;
```

一旦定义了结构体变量，系统就会为这个结构体变量分配存储单元。对结构体变量而言，系统为之分配的存储单元的大小取决于结构体变量包含的成员数量，以及每个成员所属的数据类型。例如，上面定义的结构体变量 d1 和 d2 均包含 3 个整型变量，由于在 Microsoft Visual C++ 2010 Express 中，每个整型变量占用 4 字节存储单元，因此系统至少应该为结构体变量 d1 和 d2 均分配 12 字节存储单元。结构体变量 d1 占用存储单元的情况如图 9.1 所示。

d1→	year	4字节
	month	4字节
	day	4字节

图 9.1　结构体变量 d1 占用存储单元的情况

一般来说，一种结构体类型所需的字节数可以使用"sizeof(结构体类型名)"或"sizeof(结构体变量名)"来确定。例如，sizeof(struct date)或 sizeof(d1)的值均为 12。

（2）在声明结构体类型的同时定义结构体变量。其一般形式如下：

```
struct 结构体类型名
{
    成员列表;
}变量列表;
```

例如：

```
struct studentScore1
{
```

```
    char sno[6];            /*考号*/
    char name[15];          /*姓名*/
    char sex;               /*性别*/
    struct date birthday;   /*出生日期*/
    char origin[10];        /*籍贯*/
    float score[5];         /*成绩*/
}stu1,stu2;
```

上述代码的功能和第一种方法的功能相同，定义了两个 struct studentScore1 类型的变量，即 stu1 和 stu2。

（3）不声明结构体类型，直接定义结构体变量。其一般形式如下：

```
struct
{
    成员列表;
}变量列表;
```

使用这种方法，不出现结构体类型名，直接定义结构体变量。例如：

```
struct
{
    char sno[6];            /*考号*/
    char name[15];          /*姓名*/
    char sex;               /*性别*/
    struct date birthday;   /*出生日期*/
    char origin[10];        /*籍贯*/
    float score[5];         /*成绩*/
}stu1,stu2;
```

上述代码的功能和前两种方法相同，定义了两个结构体变量，即 stu1 和 stu2。由于第 3 种方法没有出现结构体类型名，因此如果还要定义相同类型的结构体变量，即 stu3，那么必须重新编写以上代码。例如：

```
struct
{
    char sno[6];            /*考号*/
    char name[15];          /*姓名*/
    char sex;               /*性别*/
    struct date birthday;   /*出生日期*/
    char origin[10];        /*籍贯*/
    float score[5];         /*成绩*/
}stu3;
```

2. 结构体变量的初始化

在定义结构体变量时，可以直接对结构体变量进行初始化。例如：

```
struct studentScore
{
    char sno[6];            /*考号*/
```

```
    char name[15];          /*姓名*/
    char sex;               /*性别*/
    struct date birthday;   /*出生日期*/
    char origin[10];        /*籍贯*/
    float score[5];         /*成绩*/
}stu={"10001","张三",'M',18,"湖北", {125,140,136,268,669}};
```

当然，也可以这样初始化：

```
struct studentScore
{
    char sno[6];            /*考号*/
    char name[15];          /*姓名*/
    char sex;               /*性别*/
    int age;                /*出生日期*/
    char origin[10];        /*籍贯*/
    float score[5];         /*成绩*/
}
struct studentScore  stu={"10001","张三",'M',18,"湖北",{125,140,136,268,669}};
```

3．结构体变量的引用

结构体变量名代表的是整个结构体。要想引用结构体变量的每个成员，除了要给出结构体变量名，还要给出成员名。结构体变量的引用的一般形式如下：

结构体变量名.成员名

在 C 语言中，"."的优先级最高，与"()""[]"同级。可以把"结构体变量名.成员名"看作一个整体，引用的成员与其所属类型的普通变量一样，可以进行该类型允许的任何运算。例如：

```
struct studentScore stu;
stu.age+=1;
stu.age++;
```

如果成员本身又是一个结构体变量，那么需要若干个成员运算符，一级一级地找到最低级的成员，并且只能对最低级的成员进行基本操作。例如：

```
struct studentScore1
{
    char sno[6];            /*考号*/
    char name[15];          /*姓名*/
    char sex;               /*性别*/
    struct date birthday;   /*出生日期*/
    char origin[10];        /*籍贯*/
    float score[5];         /*成绩*/
}stu1;
```

其中，成员 birthday 是结构体变量，要引用结构体变量 stu1 的出生日期，不能使用 stu1.birthday，只能分别使用 stu1.birthday.year、stu1.birthday.month、stu1.birthday.day。

4. 结构体变量的基本操作

前面已介绍过，当定义了单个变量后，就可以对单个变量进行赋值、输入、输出等基本操作了。因此，当定义了结构体变量后，就可以对结构体变量进行赋值、输入、输出等基本操作了。

1）结构体变量的赋值

C 语言提供了两种为结构体变量赋值的方式，一种是分别对每个成员赋值；另一种是整体赋值。

下面采用分别对每个成员赋值的方式对结构体变量 stu1 赋值。例如：

```c
struct studentScore1 stu1;
strcpy(stu1.sno,"10001");
strcpy(stu1.name,"张三");
stu1.sex='M';
stu1.birthday.year=2006;
stu1.birthday.month=5;
stu1.birthday.day=1;
strcpy(stu1.origin,"湖北");
stu1.score[0]=125;
stu1.score[1]=140;
stu1.score[2]=136;
stu1.score[3]=268;
stu1.score[4]=669;
```

在本程序中，成员 sno、name 和 origin 是字符数组，而字符数组的赋值是通过 strcpy 函数完成的；成员 score 是一维数组，而一维数组的赋值是通过对每个元素赋值完成的；成员 birthday 是结构体变量，而结构体变量要一级一级地找到最低级的成员对其赋值。

如果一个结构体变量已经被赋值，并且希望将它的值赋给另一个类型完全相同的结构体变量，那么可以采用整体赋值的方式。例如：

```c
struct studentScore1 stu2;
stu2=stu1;
```

2）结构体变量的输入

结构体变量占用的存储单元的首地址被称为该结构体变量的地址，结构体变量的每个成员占用的存储单元的首地址被称为该成员的地址，这些地址都可以被引用。对结构体变量的输入，其实是向成员输入值。因此，在程序中只要引用每个成员的地址就可以了。例如：

```c
struct studentScore1 stu1;
gets(stu1.sno);
gets(stu1.name);
gets(stu1.origin);
scanf("%c",&stu1.sex);
```

```
scanf("%d%d%d",&stu1.birthday.year,&stu1.birthday.month,&stu1.birthday.day);
for(int i=0;i<4;i++)
scanf("%f",&stu1.score[i]);
```

3）结构体变量的输出

与结构体变量的输入一样，结构体变量的输出也需要在程序中分别指出每个成员，并按设计的格式逐一输出每个成员的值。例如：

```
puts(stu1.sno);
puts(stu1.name);
puts(stu1.origin);
putchar(sex);
printf("%d-%d-%d\n",stu1.birthday.year,stu1.birthday.month,stu1.birthday.day);
for(int i=0;i<5;i++)
    printf("%f\n",stu1.score[i]);
```

9.2.3　结构体类型的精选示例

【例 9.1】输入两个学生的学号、姓名和成绩，输出成绩较高的学生的学号、姓名和成绩。

程序代码如下：

```
#include <stdio.h>
int main()
{   struct Student          //声明结构体类型
    {   int num;
        char name[20];
        float score;
    }student1,student2;     //定义两个结构体变量
    //输入学生 1 的数据
    scanf("%d%s%f",&student1.num,student1.name,&student1.score);
    //输入学生 2 的数据
    scanf("%d%s%f",&student2.num,student2.name,&student2.score);
    printf("The higher score is:\n");
    if(student1.score>student2.score)
        printf("%d  %s  %6.2f\n",student1.num,student1.name,student1.score);
    else if(student1.score<student2.score)
        printf("%d  %s  %6.2f\n",student2.num,student2.name,student2.score);
    else
    {   printf("%d  %s  %6.2f\n",student1.num,student1.name,student1.score);
        printf("%d  %s  %6.2f\n",student2.num,student2.name,student2.score);
    }
    return 0;
}
```

运行结果如图 9.2 所示。

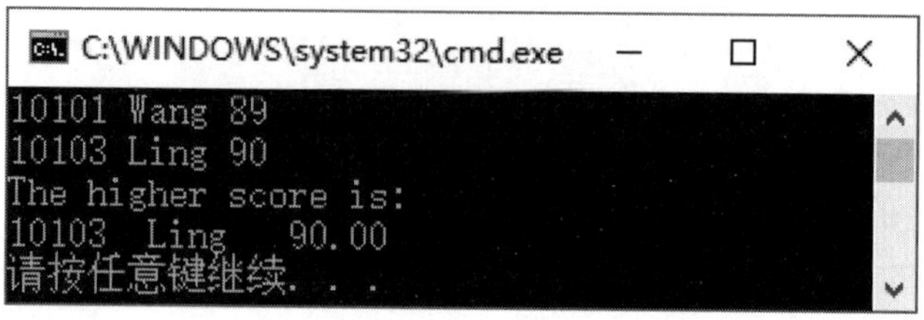

图 9.2 【例 9.1】的运行结果

【例 9.2】中国有句俗语叫"三天打鱼，两天晒网"。假设某人从 2010 年 1 月 1 日起开始"三天打鱼，两天晒网"，求这个人在以后的某一天中是在"打鱼"还是在"晒网"。

程序代码如下：

```c
#include <stdio.h>
#define YEAE 2010
typedef struct date
{
    int year,month,day;
}DATE;

void main()
{
/*初始化数组，用于存放每月天数*/
int m[][13]={{0,31,28,31,30,31,30,31,31,30,31,30,31},
{0,31,29,31,30,31,30,31,31,30,31,30,31}};
DATE someday;
int i,leap,day,total=0;
/*输入指定日期*/
printf("请输入日期(yyyy-mm-dd):");
scanf("%d-%d-%d",&someday.year,&someday.month,&someday.day);
/*计算从 2010 年至指定年的前一年共有多少天*/
total=(someday.year-YEAE)*365;
for(i=YEAE;i<someday.year;i++)
if(i%4==0 && i%100!=0 || i%400==0)
    total++;
/*计算指定日期是指定年的第几天*/
leap=someday.year%4==0 && someday.year%100!=0 || someday.year%400==0;
total+=someday.day;
for(i=0;i<someday.month;i++)
    total+=m[leap][i];
    /*判断这个人是在"打鱼"还是在"晒网"*/
    day=total%5;
    if(day>0 && day<4)
    printf("打鱼\n"); else
    printf("晒网\n");
}
```

运行结果如图 9.3 所示。

图 9.3　【例 9.2】的运行结果

根据题意可以将解题过程分为以下 3 个步骤。

（1）计算从 2010 年 1 月 1 日开始至指定日期共有多少天。

（2）由于"打鱼"和"晒网"的周期为 5 天，因此将计算出的天数除以 5。

（3）根据余数判断这个人是在"打鱼"还是在"晒网"。若余数为 1、2 或 3，则这个人是在"打鱼"，否则这个人是在"晒网"。

步骤（1）又可以分解成两步。一是计算从 2010 年至指定年的前一年共有多少天。由于平年有 365 天，闰年有 366 天，因此先假设经历的年份都是平年，计算总天数，再计算经历的闰年数，将其加入到总天数中，这样就可以得到从 2010 年至指定年的前一年共有多少天。二是计算指定日期是指定年的第几天。

9.3　结构体数组

前面定义的结构体变量 stu1 只能存放一个学生的成绩，假如要对所有学生的成绩进行处理，那么应使用结构体数组。与普通数组相同的是，结构体数组也是具有相同数据类型元素的有序集合；与普通数组不同的是，结构体数组的类型为已定义过的结构体类型，每个元素都是一个结构体变量，均包含相应的成员，在使用时要引用成员。

9.3.1　结构体数组的定义及初始化

1. 结构体数据组的定义

在实际应用中，经常使用结构体数组表示具有相同数据类型元素的有序集合，如一个班的学生成绩、一个车间的职工工资等。例如：

```
struct studentScore
{
    char sno[6];        /*考号*/
    char name[15];      /*姓名*/
    char sex;           /*性别*/
    int age;            /*年龄*/
    char origin[10];    /*籍贯*/
    float score[5];     /*成绩*/
}stu[5];
```

本程序定义了一个结构体数组 stu，共有 5 个元素，即 stu[0]～stu[4]。每个元素的数据类型都为 struct studentScore。

2．结构体数组的初始化

结构体数组可以初始化。结构体数组初始化的方法与普通二维数组初始化的方法相似。例如：

```
struct studentScore
{
    char sno[6];        /*考号*/
    char name[15];      /*姓名*/
    char sex;           /*性别*/
    int age;            /*年龄*/
    char origin[10];    /*籍贯*/
    float score[5];     /*成绩*/
}stu[5]={{"10001","张三",'M',18,"湖北",125,140,136,268,669},
{"10002","李四",'F',18,"湖南",110,100,90,210,510},
{"10003","王五",'F',17,"北京",136,120,130,200,586},
{"10004","钱六",'M',19,"北京",104,98,110,205,517},
{"10005","洪七",'M',18,"上海",120,96,100,189,505}};
```

注意，在对全部元素初始化时，也可以不给出数组的长度。

9.3.2　结构体数组的引用

结构体数组的引用包括结构体数组元素的引用和结构体数组元素成员的引用两种。

1．结构体数组元素的引用

单个结构体数组元素相当于一个结构体变量，可以作为值赋给同一个结构体数组中的另一个元素，或赋给相同类型的结构体变量。例如，若先定义了一个结构体数组 stu，它有 3 个元素，再定义了一个结构体变量 s，则以下引用是正确的。

```
struct studentScore stu[3],s;
s=stu[0];
stu[2]=stu[1];
stu[l]=s;
```

注意，不能把结构体数组元素作为一个整体直接进行输入或输出，只能对单个成员进行输入或输出。例如，以下用法都是错误的。

```
scanf("%s",stu[0]);
printf("%d",stu[0]);
```

2．结构体数组元素成员的引用

结构体数组元素成员的引用与结构体变量的引用相同。例如，若定义了一个结构体数组 stu，它有 3 个元素，则以下对 stu[0]中各元素的引用是正确的。

```
struct studentScore stu[3];
strcpy(stu[0].sno,"10001");
strcpy(stu[0].name,"张三");
stu[0].sex='M';
stu[0].age=18;
strcpy(stu[0].origin,"湖北");
stu[0].score[0]=125;
stu[0].score[1]=140;
stu[0].score[2]=136;
stu[0].score[3]=268;
stu[0].score[4]=669;
```

9.3.3 结构体数组的精选示例

【例9.3】输入5对坐标值，并将其存入一个数组，按坐标值到原点（0,0）的距离由短到长的顺序输出所有坐标值及其到原点的距离。

程序代码如下：

```
#include <stdio.h>
#include <math.h> #define N 5 struct coordinate
{
int x,y;
double distance;
};
void main()
{
struct coordinate p[N],temp; int i,j;
/*输入N对坐标值，并求出N对坐标值到原点的距离*/
for(i=0;i<N;i++)
{
printf("请输入第%d对坐标值(x,y): ",i+1);
scanf("%d,%d",&p[i].x,&p[i].y);
p[i].distance=sqrt(p[i].x*p[i].x+p[i].y*p[i].y);
}
/*对N对坐标值到原点的距离进行升序*/
for(i=0;i<N;i++)
for(j=0;
j<N-i-1;j++)
if(p[j].distance>p[j+1].distance)
{
temp=p[j];
p[j]=p[j+1];
p[j+1]=temp;
}
/*输出排序结果*/
printf("升序后: \n");
```

```
    for(i=0;i<N;i++)
    printf("(%d,%d):%.1lf\n",p[i].x,p[i].y,p[i].distance);
    }
```

运行结果如图 9.4 所示。

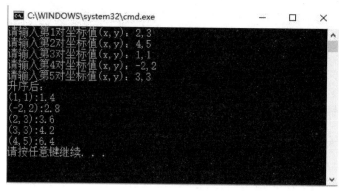

图 9.4 【例 9.3】的运行结果

坐标值至少由两个成员组成：横坐标 x 和纵坐标 y。根据题意可知，坐标值还应该包括一对成员坐标值到原点的距离。因此，可以声明坐标的结构体类型，将 5 对坐标值及其到原点的距离存入结构体数组。

坐标值到原点的距离可以由勾股定理求出。采用冒泡排序法对 5 对坐标值到原点的距离进行升序。

9.4 共用体类型

在实际应用中，有时同一个变量中需要存放不同类型的数据。例如，可以把一个整型数据、一个字符型数据和一个实型数据存放在同一个变量的存储单元中。3 个数据占用不同数量的存储单元，但都是从同一个地址开始存放的。需要注意的是，在系统为它们分配的存储单元中，某一时刻只能存放其中的一个数据，这种使几个不同类型的数据共用同一个存储单元的数据结构被称为共用体。共用体也称联合。

共用体类型也是一种构造类型。它将不同类型的变量存放在同一个存储单元中。结构变量的各成员占用连续的不同的存储单元，而共用体变量的各成员占用同一个存储单元。

9.4.1 共用体变量的定义

共用体变量的定义与结构变量的定义相似，必须先声明一个共用体类型，再定义共用体变量。共用体变量的定义的一般形式如下：

```
union 共用体类型名
{
    数据类型 1 成员名 1;
    数据类型 2 成员名 2;
```

```
        数据类型 3 成员名 3;
        …          …
        数据类型 n 成员名 n;
}变量列表;
```

例如：

```
union data
{
int i; char ch; double d;
}a,b,c;
```

也可以将共用体类型的声明和共用体变量的定义分开，即先声明一个 union data 类型，再将 a、b、c 定义为 union data 类型的变量。例如：

```
union data
{
int i;
char ch;
double d;
};
union data a,b,c;
```

当然，也可以直接定义共用体变量。例如：

```
union
{
int i;
char ch;
double d;
}a,b,c;
```

　　定义了共用体变量后，系统就会给它分配存储单元。因为共用体变量中的各成员占用同一个存储单元，所以系统会给共用体变量分配的元为其成员占用最多的存储单元。因为共用体变量的各成员从第一个存储单元开始分配，所以共用体变量的各成员的地址是相同的。例如，上面定义的共用体变量 a、b、c 各占用了 8 字节存储单元，即 3 个成员中占内存最长的实型变量 d 占用 8 字节存储单元。共用体变量 a 占用存储单元的情况如图 9.5 所示。

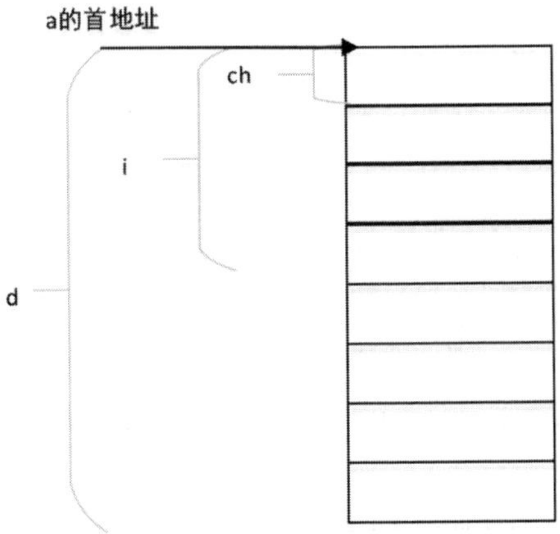

图 9.5　共用体变量 a 占用存储单元的情况

9.4.2　共用体变量的引用

　　共用体变量的引用和结构体变量的引用相似，都是"先定义，后引用"，且只能引用共用体成员。共用体成员的引用是通过"."实现的。共用体变量的引用的一般形式如下：

C 语言程序设计

```
共用体变量名. 成员名
```

例如：

```
scanf("%d",&a.i);
```

不能只引用共用体变量。例如，下面的引用是错误的。

```
printf("%d",a);
```

其中，共用体变量的存储单元有多个，分别为不同的长度。因为仅给出共用体变量名 a，系统难以确定输出的究竟是哪个成员的值，所以应该具体指明成员。

可以使用指向共用体变量的指针进行引用，通过指向共用体变量的指针对共用体成员进行存取操作的一般形式如下：

```
指向共用体变量的指针→成员名
```

在引用共用体变量时应注意以下几点。

（1）一个共用体变量可以存放几种不同类型的成员，但无法同时存放所有变量，即每一时刻只有一个变量有效，且共用体变量中有效的成员是最后一次存放的成员。例如：

```
a.i=5;
a.ch='M';
a.f=3.14;
```

完成以上 3 个赋值运算后，只有 a.f 的值是有效的，a.i 和 a.ch 的值已经不存在了。因各成员共用同一个存储单元，相互覆盖，故对于同一个共用体变量，给一个新成员赋值就会覆盖原成员。因此，在引用共用体变量时，应十分注意当前存放在共用体型变量中的是哪个成员。

（2）共用体变量的地址和它的各成员的地址相同。

（3）不能在定义共用体变量时对其进行初始化，也不能把共用体变量作为函数参数或者函数的返回值，但是可以使用指向共用体变量的指针。例如：

```
union
{
    int i;
    char ch;
    float f;
}a={5,'M',3.14};/*不能对共用体变量进行初始化*/
```

（4）共用体变量可以作为结构体成员，同样结构体变量也可以作为共用体成员。

9.4.3 共用体类型的精选示例

【例 9.4】有若干数据，其中有学生的数据和教师的数据。学生的数据包括编号、姓名、性别、职业、班级。教师的数据包括编号、姓名、性别、职业、职务。请用同一个表格来处理这些数据。

程序代码如下：

```
#include <stdio.h>
```

```
struct                          //声明无名结构体类型
{   int num;                    //编号
    char name[10];              //姓名
    char sex;                   //性别
    char job;                   //职业
    union                       //声明无名共用体类型
    {   int clas;               //班级
        char position[10];      //职务
    }category;
}person[2];                     //定义结构体数组person，有两个元素
int main()
{   int i;
    for(i=0;i<2;i++)
    {   printf("please enter the data of person:\n");
        scanf("%d %s %c %c",&person[i].num,person[i].name,&person[i].sex,
&person[i].job);                //输入前4项
        if(person[i].job=='s')  //若是学生，则输入班级
            scanf("%d",&person[i].category.clas);
        else if(person[i].job=='t')  //若是教师，则输入职务
            scanf("%s",person[i].category.position);
        else                    //若job不是's'和't'，则显示"输入错误"
            printf("Input error!");
    }
    printf("\n");
    printf("No.namesex job class/position\n");
    for(i=0;i<2;i++)
    {   if (person[i].job=='s')     //若是学生
            printf("%-6d%-10s%-4c%-4c%-10d\n",person[i].num,person[i].name,
person[i].sex,person[i].job,person[i].category.clas);
        else                        //若是教师
            printf("%-6d%-10s%-4c%-4c%-10s\n",person[i].num, person[i].name,
person[i].sex,person[i].job,person[i].category.position);
    }
    return 0;
}
```

运行结果如图9.6所示。

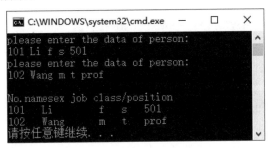

图9.6　【例9.4】的运行结果

在本程序中，教师和学生的大多数数据是相同的，只有最后一个数据不同，学生的最后一个数据是班级，而教师的最后一个数据是职务。教师和学生的数据相同的部分可以用结构体描述，结构体成员除了包括编号、姓名、性别、职业，还包括表示各自情况的共用体变量。

9.5 枚举类型

在实际应用中，有些变量只有几种可能的取值。例如，人的性别只有 2 种可能的取值，星期只有 7 种可能的取值，月份只有 12 种可能的取值等。C 语言将这样取值比较特殊的变量的类型定义为枚举类型。

简单来说，枚举类型是 C 语言为用户提供的一种自定义的数据类型，将变量可能的取值一一列举出来，且变量的取值只局限在列举的值的范围内。其主要功能是使用名称代替某些有特定含义的数据，从而提高程序的可读性。

9.5.1 枚举类型的声明

枚举类型的声明的一般形式如下：

```
enum 枚举类型名{枚举常量1,枚举常量2,…,枚举常量n};
```

以下声明表示一个星期共 7 天的枚举类型 week。

```
enum week{sun,mon,tue,wed,thu,fri,sat};
```

上述语句定义了一个名为 week 的枚举类型，其中 sun,mon,…,sat 被称为枚举元素或枚举常量。它们是用户自定义的标识符。每个枚举常量都是有值的，C 语言在编译时按定义的顺序将它们的值设置为 0,1,…,6。在上面的声明中，sun 的值为 0，mon 的值为 1，…，sat 的值为 6。

在定义枚举类型时可以指定枚举常量的值。例如：

```
enum week{ sun=7,mon=1,tue,wed,thu,fri,sat };
```

上述语句定义了 sun 的值为 7，mon 的值为 1，…，sat 的值为 6。

注意，虽然枚举常量使用标识符表示，但是其实质还是整型常量，因此不能将其放在"="左侧，但可以将其当作整型常量参与运算。例如：

```
enum week{sun,mon,tue,wed,thu,fri,sat}; int i=sun;      /*相当于 int i=0;*/
```

枚举类型的优点是可以做到"见名知义"。如果不使用枚举类型，而使用整数 0,1,…,6 也是可以的，但是这样会降低程序的可读性。

9.5.2 枚举变量的定义及引用

1. 枚举变量的定义

枚举变量的定义和结构体变量的定义相似，有以下 3 种方式。

（1）先定义枚举类型，再定义枚举变量。例如：

```
enum week{sun,mon,tue,wed,thu,fri,sat};
enum week today,tomorrow;      /*定义枚举变量 today 和 tomorrow*/
```

（2）在声明枚举类型的同时定义枚举变量。例如：

```
enum week {sun,mon,tue,wed,thu,fri,sat} today,tomorrow;
```

（3）不声明枚举类型，直接定义枚举变量。例如：

```
enum {sun,mon,tue,wed,thu,fri,sat} today,tomorrow;
```

2. 枚举变量的引用

在引用枚举变量时应注意以下几点。

（1）枚举变量的取值只能在枚举常量的范围内，不能为其他任何数。例如：

```
today=sun; tomorrow=mon;
printf("%d,%d",today,tomorrow);/*输出整数 0 和 1*/
```

（2）不能直接将一个整数赋给一个枚举变量，必须强制进行类型转换后才能为枚举变量赋值。例如：

```
today=1; /*错误*/
tomorrow= (enum week)2; /*正确，相当于 tomorrow= tue */
```

（3）要输出枚举变量中枚举常量对应的标识符，不能直接使用下面的方法。

```
today=sun;
tomorrow=mon;
printf("%d,%d",today,tomorrow);/*输出整数 0 和 1*/
```

这是因为枚举常量为整数，而非字符串。

可以使用下面的方法。

```
today=sun;
switch(today)
{
    case sun:printf("sunday\n");break;
    case mon:printf("monday\n");break;
    case tue:printf("tuesday\n");break;
    case wed:printf("wednesday\n");break;
    case thu:printf("thursday\n");break;
    case fri:printf("friday\n");break;
    case sat:printf("saturday\n");break;
}
```

9.5.3　枚举类型的精选示例

【例 9.5】口袋中有红、黄、蓝、白、黑 5 种颜色的球若干个。每次从口袋中先后取出 3 个球，求得到 3 种不同颜色的球的可能取法，输出每种排列的情况。

程序代码如下：

```c
#include <stdio.h>
int main()
{   enum Color {red,yellow,blue,white,black};  //声明枚举类型 enum Color
    enum Color i,j,k,pri;                       //定义枚举变量 i,j,k,pri
    int n,loop;
    n=0;
    for(i=red;i<=black;i++)                     //外循环使枚举变量 i 的值从 red 变到 black
        for(j=red;j<=black;j++)                 //中循环使枚举变量 j 的值从 red 变到 black
            if(i!=j)                            //2 个球的颜色不同
            {   for (k=red;k<=black;k++)        //内循环使枚举变量 k 的值从 red 变到 black
                    if ((k!=i) && (k!=j))       //3 个球的颜色不同
                    {   n=n+1;                  //符合条件的次数加 1
                        printf("%-4d",n);       //输出当前是第几个符合条件的组合
                        for(loop=1;loop<=3;loop++)  //分别对 3 个球进行处理
                        {   switch (loop)       //loop 的值从 1 变到 3
                            //当 loop 的值为 1 时,把第 1 个球的颜色赋给枚举变量 pri
                            {   case 1: pri=i;break;
                                //当 loop 的值为 2 时,把第 2 个球的颜色赋给枚举变量 pri
                                case 2: pri=j;break;
                                //当 loop 的值为 3 时,把第 3 个球的颜色赋给枚举变量 pri
                                case 3: pri=k;break;
                                default:break;
                            }
                            switch (pri)        //根据球的颜色输出相应的文字
                            //当枚举变量 pri 的值为枚举常量 red 时,输出"red"
                            {   case red:printf("%-10s","red");break;
                                //当枚举变量 pri 的值为枚举常量 yellow 时,输出"yellow"
                                case yellow: printf("%-10s","yellow");break;
                                //当枚举变量 pri 的值为枚举常量 blue 时,输出"blue"
                                case blue: printf("%-10s","blue");break;
                                //当枚举变量 pri 的值为枚举常量 white 时,输出"white"
                                case white: printf("%-10s","white");break;
                                //当枚举变量 pri 的值为枚举常量 black 时,输出"black"
                                case black: printf("%-10s","black"); break;
                                default:break;
                            }
                        }
                        printf("\n");
                    }
                }
            }
    printf("\ntotal:%5d\n",n);
    return 0;
}
```

运行结果如图 9.7 所示。

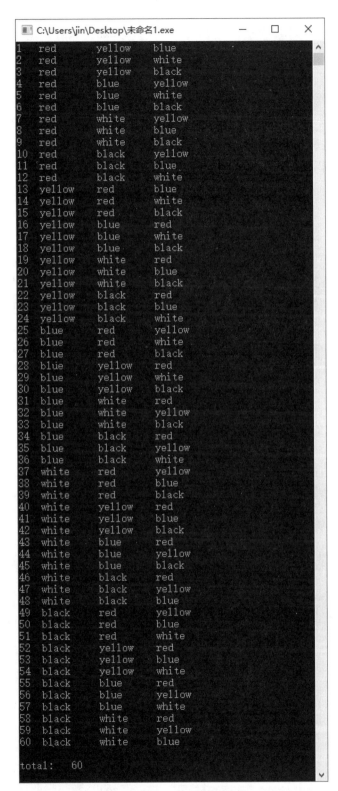

图 9.7　【例 9.5】的运行结果

从 5 种颜色的球中取出不同颜色的 3 个球，可以先遍历取出的 3 个球，再判断是否是不同的颜色。如果是不同的颜色，那么将取法自增 1，并输出该取法；如果不是不同的颜色，那么继续遍历，直到遍历到最后一种组合为止。

由于只有 5 种颜色，因此可以声明枚举类型 enum color。从 5 个球中取 3 个球，可以分为 3 次取出，每次都可以取出 5 种颜色的球中的一种，可以定义整型变量 first、second、third 分别表示 3 次取出的球的颜色。由于颜色的值用类似于 0、1、2 的整数表示，因此只有将其转换成字符串"red""yellow""blue"才能直观地表示颜色。

本章小结

由于结构体和共用体都是由基本类型构造出来的数据，因此被称为构造类型数据。结构体中可以有多种基本类型，这样在一个结构体中可以保存不同类型的数据，可以将这些具有内在联系的不同类型的数据组合在一起。结构体和共用体的区别是，结构体中的成员可以同时使用，在内存中分配的存储单元是各成员所占存储单元之和；而共用体在同一时刻只能有一个成员使用，在内存中分配的存储单元是所占存储单元最大的成员占用的存储单元。

课后习题

一、选择题

1. 若有以下程序：

```
struct student
{
    int no;
    char name[20];
    char sex;
    struct{
    int year;
    int month;
    int day;
    }birth;
};
struct student s;
```

假设变量 s 中的"生日"是"1984 年 11 月 11 日"，则以下对"生日"的赋值正确的是（   ）。

A.
```
year=1984;
month=11;
day=11;
```

B.
```
birth.year=1984;
birth.month=11;
birth.day=11;
```

C.
```
s.year=1984;
s.month=11;
s.day=11;
```

D.
```
s.birth.year=1984;
s.birth.month=11;
s.birth.day=11;
```

2．以下程序的运行结果是（　　）。
```
#include <stdio.h>
void main()
{
    struct date
    {
        int year,month,day;
    }today;
    printf("%d\n",sizeof(struct date));
}
```
A．6　　　　　　　B．8　　　　　　　C．10　　　　　　　D．12

3．以下程序能定义 s 为合规的结构体变量的是（　　）。

A.
```
typedef struct abc
{
    double a;
    char b[10];
}s;
```

B.
```
struct abc
{
    double a;
    char b[10];
};
abc s;
```

C.
```
typedef struct
{
    double a;
    b[10];
}abc;
abc s;
```

D.
```
typedef abc
{
    double a; char
    char b[10];
};
abc s;
```

4．若有以下语句：
```
typedef struct ST
{
    long a;
    int b;
    char c[2];
} NEW;
```
则下面叙述正确的是（　　）。

A．以上语句的形式不合规

B．ST 是一个结构体类型

    C. NEW 是一个结构体类型名

    D. NEW 是一个结构体变量

5. C 语言中的结构体变量在程序执行期间（   ）。

    A. 所有成员都一直驻留在内存中

    B. 只有一个成员驻留在内存中

    C. 部分成员驻留在内存中

    D. 没有成员驻留在内存中

6. 若有以下语句：

```
union dt
{
    int a;
    char b;
    double c;
}data;
```

则以下叙述错误的是（   ）。

    A. 变量 data 的每个成员的首地址都相同

    B. 变量 data 所占内存与成员 c 所占内存的大小相同

    C. data.a=5;printf("%f\n",data.c);的输出结果为 5.000000

    D. 变量 data 可以作为函数的实参

7. 以下程序的运行结果是（   ）。

```
#include <stdio.h>
void main()
{
    union
    {
        unsigned int n;
        unsigned char c;
    }u1;
    u1.c='A';
    printf("%c\n",u1.n);
}
```

    A. 产生语法错误   B. 随机值

    C. A   D. 65

8. C 语言中的共用体变量在程序运行期间（   ）。

    A. 所有成员都一直驻留在内存中

    B. 只有一个成员驻留在内存中

    C. 部分成员驻留在内存中

    D. 没有成员驻留在内存中

二、程序填空题

1. 以下程序的功能是输出结构体变量 bt 所占内存的字节数。请在_____内填入正确的内容。

```
#include <stdio.h>
void struct ps{
    double i;
    char arr[20];
};
void main()
{
    struct ps bt;
    printf("bt size:%d\n",_____);
}
```

2. 以下程序的功能是找出年龄最大的学生。请在_____内填入正确的内容。

```
#include <stdio.h>
struct student{
    char sno[6];
    char name[15];
    int age;
};
void main()
{
    struct student stu[4]={{"10001","张三",18},{"10002","李四",18},{"10003","王
五",17},{"10004","钱六",19}};
    int i,j=0;                          /*j 表示年龄的最大学生在数组中的下标*/

    int max=0;
    for(i=0;i<4;i++)
        if(      )
        {
            _____;
        j=i;
        }
    printf("年龄最大的学生是：%s,%s,%d 岁。\n",          );
}
```

三、程序阅读题

1. 以下程序的运行结果是（　　）。

```
#include <stdio.h>
    #include <string.h>
    union pw
    {
```

```
        int i;
        char ch[2];
    }a;
void main()
{
    a.ch[0]=13;
    a.ch[1]=0;
    printf(",%d\n",,a.i);
}
```

2. 以下程序的运行结果是（　　）。

```
#include <stdio.h>
    typedef union{
        long a[2];
        int b[4];
        char c[8];
    }TY;
    TY our; void
    main()
    {
    printf("%d\n",sizeof(our));
}
```

3. 以下程序的运行结果是（　　）。

```
#include <stdio.h>
    void main()
    {
        struct EXAMPLE{
        struct{
        int x;
        int y;
        }in;
        int a;
        int b;
        }e;
        e.a=1;e.b=2;
        e.in.x=e.a*e.b;
        e.in.y=e.a+e.b;
        printf("%d,%d",e.in.x,e.in.y);
    }
```

四、编程题

1. 已知某组有 4 个学生，请填写如表 9.2 所示的学生登记表，要求计算总分，求出每个学生的 3 科平均分。

表 9.2　学生登记表

学号	姓名	语文	数学	外语	总分	平均分
10001	唐僧	78	98	76		
10002	沙和尚	66	90	86		
10003	猪八戒	89	70	76		
10004	孙悟空	90	100	89		

2．建立一个通讯录，包括姓名、年龄、电话号码。先输入 n（$n<10$）个朋友的信息，再输入要查询朋友的姓名。若其存在于通讯录中，则输出个人信息（包括姓名、年龄和电话号码）；否则，输出提示信息"通讯录中无此人"。

第10章

文　件

通过学习文件的相关知识，读者不仅能够学会保存资料、资源共享，而且能够培养遵守规则及遵守社会公德的优良品德。

10.1　什么是文件

文件是数据源的一种。数据源除了包括文件，还包括数据库、网络、键盘等。文件的主要功能是保存数据。在操作系统中，为了统一对各种硬件的操作，不同的硬件设备都被看成一个文件。对这些硬件的操作，等同于对磁盘上普通文件的操作。

例如，通常把显示器称为标准输出文件，printf 函数用于向这个文件输出数据；通常把键盘称为标准输入文件，scanf 函数用于从这个文件中读取数据。

所有文件（保存在磁盘中）都必须载入内存才能处理，所有数据都必须写入文件（磁盘）才不会丢失。数据在文件和内存之间传递的过程叫作文件流，类似水从一个地方流动到另一个地方。将数据从文件中复制到内存中的过程叫作输入流（Input Stream），将数据从内存中转移到文件中的过程叫作输出流（Output Stream）。数据被传递到内存中也就是被保存到 C 语言的变量中。把数据在数据源和程序（内存）之间传递的过程叫作数据流（Data Stream）。

输入/输出是指程序（内存）与外部设备（键盘、显示器、磁盘、其他计算机等）进行交互的操作。几乎所有程序都有输入/输出，如通过键盘读取数据，从本地或网络文件中读取数据或写入数据等。通过输入/输出，可以从外界接收信息，或者把信息传递给外界。通常所说的打开文件，就是指打开一个流操作。

在一般情况下，操作文件的正确步骤为"打开文件→读写文件→关闭文件"。进行读写文件操作之前要先打开文件，使用完成后要关闭文件。打开文件就是指获取文件的相关信息，如文件名、文件状态、当前读写位置等，这些信息会被保存到一个 FILE 类型的结构体变量中。关闭文件就是指断开与文件之间的联系，释放结构体变量，同时禁止对该文件进行操作。

在 C 语言中，文件有多种读写方式，可以一个字符一个字符地读取，也可以读取一整行，还可以读取若干字节。文件读写的位置也非常灵活，可以从文件开头读取，也可以从文件中间读取。

【例 10.1】统计入学成绩。

某大学的硕士研究生入学考试科目为外语和两门专业课，输入每个考生的各科成绩并计算总分。要求输入的内容被保存下来，以便将来随时使用。

具体程序代码如下：

```c
#include <stdlib.h>
#include <stdio.h>
typedef struct
{
    char no[10] ;
    char name[10] ;
    double foreign ;
    double spec1 ;
    double spec2 ;
    double total ;
} StudentType;
void WriteToFile( );
void ReadFromFile( );
int main( )
{
    int select;
    do{
        printf("1.输入成绩2.输出成绩0.退出\n");
        printf("请输入要执行的操作: ");
        scanf("%d", &select);
        switch (select){
        case 1: WriteToFile( ); break;
        case 2: ReadFromFile( ); break;
        default: printf("退出程序! "); break;
        }
    } while (select== 1 II select== 2);
    system("pause");
    return 0;
}
```

写入文件的程序代码如下：

```c
void WriteToFile( )
{
    FILE *fp= NULL;
    StudentType stu;
    char flag= 'y';
```

```
    fp = fopen("student.txt", "a");
    if(fp== NULL)
    {
        printf("文件打开失败!n");
        exit(1);
    }
    while ((flag== 'y'll flag=='Y'))
    {
        printf("请输入考生考号: ");
        scanf("%s", stu.n0);
        printf("请输入考生姓名: ");
        scanf("%S", stu.name);
        printf("请输入考生的外语成绩: ");
        scanf("%lf", &stu.foreign);
        printf("请输入考生的专业课1成绩: ");
        scanf("%lf", &stu.spec1);
        printf("请输入考生的专业课2成绩: ");
        scanf("%lf", &stu.spec2);
        stu.total = stu.foreign + stu.spec1 + stu.spec2;
        fprintf(fp, "%10s%10s%8.2f " ,stu.no, stu.name, stu.foreign);
        fprintf(fp, "%8.2f%8.2f%8.2f", stu.spec1, stu.spec2, stu.total);
        fputc('\n', fp);
        fflush(stdin);
        printf("继续输入吗?请继续输入 y 或 Y: ");
        scanf("%c", &flag);
    }
    fclose(fp);
    return;
}
```

读取文件的程序代码如下:

```
void ReadFromFile( )
{
    FILE *fp= NULL;
    StudentType stu;
    fp = fopen("student.txt", "r");
    if (fp == NULL)
    {
        printf("文件打开失败!\n");
        exit(1);
    }
    printf("考生总分\n");
    while (!feof(fp))
    {
        fscanf(fp, "%s%s", stu.no, stu.name);
```

```
        fscanf(fp, "%lf%lf%lf%lf", &stu.foreign, &stu.spec1, &stu.spec2,
&stu.total);
        printf("%10s%8.2f\n", stu.name, stu.total);
    }
    fclose(fp);
    return;
}
```

为了能够把输入的内容保留下来，已经输入的成绩应该保存到文件中，已经计算的总分也应该保存到文件中，并以追加方式继续输入。

下面介绍假设使用 student.txt 文件存放考生的成绩，使用 WriteToFile 函数输入每个考生各科成绩并将其存入 student.txt 文件的步骤。

（1）以追加方式打开 student.txt 文件。

（2）输入每个考生的各科成绩。

（3）计算总分。

（4）将考生的各科成绩及总分以追加方式存入 student.txt 文件。

（5）如果继续输入，那么进行步骤（2）；否则关闭 student.txt 文件，结束操作。

假设使用 ReadFromFile 函数从 student.txt 文件中读取并输出考生的各科成绩。

（1）以只读方式打开 student.txt 文件。

（2）重复以下操作，直到 student.txt 文件的末尾。

① 从 student.txt 文件中读取一个考生的各科成绩。

② 输出该考生的各科成绩。

（3）关闭 student.txt 文件，结束操作。

10.2　文件与文件指针变量

1. 文件的概念

文件是存储在外部介质（磁盘、磁带等）上的一组相关数据的有序集合。文件名用于标识一个文件的属性。其一般形式如下：

主文件名.扩展名

要读取外部介质中的数据，首先必须通过文件名找到相应的文件，其次从这个文件中将数据读取出来。要将数据存储到外部介质中，首先必须在外部介质上建立一个文件，其次将数据写入这个文件。

例如，应用程序的打开文件功能用于实现将文件中的内容读入内存，保存文件功能用于实现将内存中的数据写入文件。

2. 文本文件和二进制文件

在 C 语言使用的磁盘文件系统中，数据文件的数据存储形式有两种：一种以字符形式

存放，这种文件被称为文本文件，也称字符文件；另一种以二进制形式存放，这种文件被称为二进制文件。

扩展名为.txt、.c、.cpp、.h、.ini 等的文件大多数是文本文件。将内存中的数据原样输出到文件中，这个文件就是二进制文件，扩展名为.exe、.dll、.lib、.dat、.gif、.bmp 等的文件大多是二进制文件。

文本文件中的数据以字符形式出现，每个字符使用一个 ASCII 码值表示，占用 1 字节内存；二进制文件则以数据在内存中的存储形式原样被存储到磁盘上。

整数 10 000 在文本文件中使用 ASCII 码值表示如图 10.1 所示。

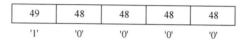

49	48	48	48	48
'1'	'0'	'0'	'0'	'0'

图 10.1　整数 10000 在文本文件中使用 ASCII 码值表示

这个整数有 5 位数字，共使用了 5 个字符，一个字符占用 1 字节内存，共占用 5 字节内存。

在二进制文件中，将该整数表示成相应的二进制数为 0010011100010000，只需要占用 2 字节内存。

一般来说，在以文本形式输出时，文本应与字符一一对应，1 字节对应 1 个字符。这样便于对字符进行逐个处理，也便于输出字符，但占用内存较多，且要花费转换时间（二进制形式与 ASCII 码值之间的转换）。在以二进制形式输出时，可以节省内存，由于在输入时不需要把字符先转换成二进制形式再传入内存，在输出时也不需要把数据先由二进制形式转换为字符形式再输出，因而输出速度快，节省时间。但 1 字节并不对应 1 个字符，不能直接输出字符形式。用户在进行程序设计时，要综合考虑时间、空间和用途。

在 C 语言中，对文件的读写是通过库函数实现的。

3. 缓冲区

缓冲区指在执行程序时提供的额外内存，用来暂时存放准备执行的数据。设置缓冲区是为了提高存取效率，这是因为内存的存取速度比磁盘驱动器的存取速度快得多。

C 语言的文件处理功能依据系统是否设置缓冲区分为两种，一种是设置缓冲区，另一种是不设置缓冲区。不设置缓冲区的文件在处理时必须通过使用较低级的输入/输出函数（包含在 stdio.h 文件和 fcntl.h 文件中）来直接对磁盘进行存取，这种处理方式的存取速度慢，且由于不是 C 语言的标准输入/输出函数，因此在跨平台操作时容易出问题。下面只介绍设置缓冲区的方式。在使用标准输入/输出函数（包含在 stdio.h 文件中）时，系统会自动设置缓冲区，并通过数据流来读写文件。在读取文件时，程序不会直接对磁盘进行读取，而会先打开数据流，将文件复制到缓冲区，然后从缓冲区中读取数据。在写入文件时，程序不会马上将文件写入磁盘，而会先将文件写入缓冲区，只有在缓冲区已满或文件已被关闭时，才会将缓冲区中的数据写入磁盘。C 语言中使用的磁盘文件系统如图 10.2 所示。

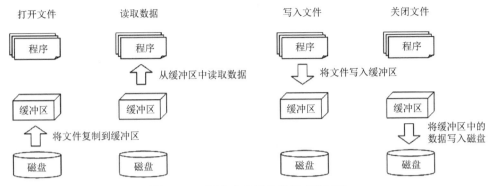

图 10.2　C 语言中使用的磁盘文件系统

在建立或调用一个磁盘文件时，必须了解与该文件对应的内存缓冲区的地址、文件当前的读写位置、文件操作方式，以及是文本文件还是二进制文件、是读取还是写入等信息。

对缓冲区而言，关键的概念是"文件指针变量"。每个被使用的文件都在内存中开辟一段存储单元，用来存放文件的相关信息。这些信息被保存在一个结构体变量中。该结构体变量是由系统定义的，取名为 FILE。有几个文件就建立几个这样的结构体变量，分别存放各个文件的相关信息，同时返回对应的 FILE 类型的文件指针变量。这样对该文件的操作都将以该文件指针变量为参考，用户无须对其进行控制。

不同的编译系统中的 stdio.h 文件对 FILE 类型的定义略有差异。C 语言中的定义如下：

```
struct _iobuf
{
    char *_ptr;          //下一个要被读取的字符的地址
    int   _cnt;          //剩余字符，如果是输入缓冲区，那么表示缓冲区中还有多少个字符未被读取
    char *_base;         //缓冲区的基地址
    int   _flag;         //状态标志位的读写
    int   _file;         //文件的有效性验证
    int   _charbuf;      //缓冲区的状况检查，如果无缓冲区那么不读取
    int   _bufsiz;       //文件的大小
    char *_tmpfname;     //临时文件名
};
typedef struct _iobuf FILE
```

有了 FILE 类型之后，可以使用它来定义若干个 FILE 类型的变量。

定义文件指针变量的一般形式如下：

```
FILE *文件指针变量名;
```

定义并初始化文件指针变量的一般形式如下：

```
FILE *fp = NULL;
```

文件指针变量是一种特殊的指针变量，每个打开的文件都有自己的文件指针变量和缓冲区，通过文件指针变量可以获得该文件的相关信息（文件号、文件位置标记等），这些相

关信息在系统打开文件时会自动被填入和使用,在一般情况下,程序员不必关心 FILE 类型的具体内容。

10.3 文件操作函数

对文件的操作包括打开、读取、写入、关闭、删除等。对文件进行操作之前,必须先打开文件;文件使用结束后,应立即关闭文件,以免丢失数据。C 语言规定了标准输入/输出函数。

1. 文件打开函数 fopen

打开文件指在程序和文件之间建立联系,把所要操作的文件的相关信息,如文件名、文件操作方式等通知给程序。实际上,打开文件表示给用户指定的文件在内存中分配一段 FILE 类型的存储单元,并将该类型的文件指针变量返回给程序,此后程序即可使用 FILE 类型的指针变量来对指定文件进行操作。

调用 fopen 函数的一般形式如下:

```
FILE *fp;
fp=fopen(char *filename,char *mode);
```

其中,fopen 函数用于打开一个 filename 指向的文件,文件操作方式由 mode 的值决定,将函数调用后的返回值赋给 FILE 类型的指针变量 fp,这样指针变量 fp 就指向了文件。

例如:

```
FILE *fp; fp=fopen("datafile.dat","r");
```

上述语句表示使用只读方式打开名为 datafile.dat 的文件,并把该文件的首地址赋给指针变量 fp。一般文件名需要用双引号引起来,文件名中也可以包含用 "\\" 隔开的目录名。

例如:

```
fp=fopen("c:\\cfiles\\datafile.dat","r")
```

文件打开方式如表 10.1 所示。

表 10.1 文件打开方式

打开方式	说明	备注
"r"	以只读方式打开文件。只允许读取,不允许写入。文件必须存在,否则打开失败	控制读写方式的字符串(必须指明)
"w"	以写入方式打开文件。如果文件不存在,那么创建一个新文件;如果文件存在,那么清空文件中的内容(相当于删除原文件,创建一个新文件)	
"a"	以追加方式打开文件。如果文件不存在,那么创建一个新文件;如果文件存在,那么将写入的数据追加到文件末尾(保留文件中原有的内容)	
"r+"	以读写方式打开文件。既可以读取又可以写入,也就是可以随意更新文件。文件必须存在,否则打开失败	

续表

打开方式	说明	备注
"w+"	以写入/更新方式打开文件，相当于"w"和"r+"叠加的效果。既可以读取又可以写入，也就是可以随意更新文件。如果文件不存在，那么创建一个新文件；如果文件存在，那么清空文件中的内容（相当于删除原文件，创建一个新文件）	控制读写方式的字符串（必须指明）
"a+"	以追加/更新方式打开文件，相当于 a 和 r+ 叠加的效果。既可以读取又可以写入，也就是可以随意更新文件。如果文件不存在，那么创建一个新文件；如果文件存在，那么将写入的数据追加到文件末尾（保留文件中原有的内容）	
"t"	打开文本文件。如果不写，那么默认为"t"	控制读写方式的字符串（可以不写）
"b"	打开二进制文件	

"r""w""a""b"分别是单词"read""write""append""binary"的首字母，分别用来表示"只读""写入""追加""二进制"。若在"r""w""a"前加一个"+"，则表示由单一的只读方式、写入方式、追加方式扩展到既可以读取又可以写入的方式。

使用只读方式打开的文件必须是已经存在的文件，否则会出错。使用写入方式打开的文件既可以存在，又可以不存在。如果原来不存在该文件，那么在打开时会新建立一个以指定的名称命名的文件。使用追加方式打开的文件也必须是已经存在的文件，否则会出错，在打开文件时，文件位置指针将移动到文件末尾。

如果不能实现打开文件的功能，那么 fopen 函数会出错。出错的原因有以下 3 种。

（1）使用只读方式打开一个不存在的文件。

（2）磁盘出故障。

（3）磁盘已满，无法建立新文件等，此时函数将带回一个空值。

测试打开文件成功与否的程序代码如下：

```
if((fp=fopen("filename","r"))==NULL)
{
printf("不能打开这个文件\n");
exit(0);
}
```

先检查打开操作是否成功，如果失败那么在终端输出"不能打开这个文件"。exit 函数的功能是直接退出程序。待用户检查出错误，修改源程序后再运行。注意，exit 函数被包含在 stdlib.h 文件中，在使用前要添加#include <stdlib.h>。

在使用文本文件时，将回车换行符转换为一个换行符，在输出时把换行符转换为回车换行符。在使用二进制文件时，不进行这种转换，在内存中的数据形式与输出到外部文件中的数据形式完全一致，一一对应。

对磁盘文件而言，在使用前一定要打开。而对外部设备而言，尽管它们也可以作为设备文件处理，但在以前的应用中并未用到打开文件的操作。这是因为在运行一个 C 语言程序时，系统自动打开了 5 个设备文件，并自动定义了 5 个 FILE 类型的指针变量。

程序在使用这些设备时，不必进行打开和关闭操作，打开和关闭操作由编译系统自动完成，用户可以任意使用。

表 10.2 所示为标准设备文件及对应的 FILE 类型的指针变量。

表 10.2 标准设备文件及对应的 FILE 类型的指针变量

标准设备文件	FILE 类型的指针变量
标准输入（键盘）	stdin
标准输出（显示器）	stdout
标准辅助输入/输出（异步串行口）	stdoux
标准打印（打印机）	stdprn
标准错误输出（显示器）	stderr

2. 文件关闭函数 fclose

完成文件的读写后，必须关闭文件。这是因为在对打开的磁盘文件进行写入时，若缓冲区未被写入的内容填满，则这些内容将不会自动写入打开的文件，从而会导致内容丢失。只有在对打开的文件进行关闭时，停留在缓冲区的内容才能写入磁盘文件，从而保证文件的完整性。

关闭文件指文件指针变量不指向文件，也就是断开文件指针变量与文件的联系，此后不能通过该指针变量对原来与其相联系的文件进行读写。除非再次打开，使该指针变量重新指向该文件。

调用 fclose 函数的一般形式如下：

```
fclose(FILE *stream);
```

例如：

```
fclose(fp);
```

上述语句表示该函数关闭 FILE 类型的指针变量 fp 对应的文件。若成功关闭了该文件，则返回 0；否则返回一个非 0 值。

测试关闭文件成功与否的程序代码如下：

```
if(fclose(fp)!=0)
{
printf("\n 不能关闭这个文件。");
exit(0);
}
else
printf("\n 文件被关闭了。");
```

使用 fcloseall 函数可以同时关闭程序中已打开的多个文件（前述 5 个标准设备文件除外），先将各缓冲区未装满的内容写入相应的文件，再释放这些缓冲区，并返回关闭文件的数量。例如，若程序已打开 3 个文件，则当执行语句 n=fcloseall();时，这 3 个文件将同时被关闭，且 n 的值为 3。

3. 文件字符读取函数 fgetc

fgetc 函数用于从指定的磁盘文件中读取一个字符，该文件必须是以只读方式或读写方式打开的。调用 fgetc 函数的一般形式如下：

```
fgetc(FILE *stream);
```

例如：

```
ch=fgetc(fp);
```

上述语句表示 fgetc 函数从指针变量 fp 指向的文件中读取一个字符并将其赋给变量 ch，fgetc 函数的值就是该字符。指针变量 fp 的值是用 fopen 函数打开文件时设定的。若在执行 fgetc 函数时遇到 EOF，则 fopen 函数返回-1 给变量 ch。注意，这个-1 并不是函数读取的字符，因为没有一个字符的 ASCII 码值为-1，当系统判断出 fopen 函数返回文件末尾的信息为 EOF 时，函数的返回值为-1。

从一个磁盘文件中顺序读取字符并将其在屏幕上显示出来，程序代码如下：

```
ch=fgetc(fp);
while(ch!=EOF)
{
putchar(ch);
ch=fgetc(fp);
}
```

本程序只适用于读取文本文件的情况。目前，ANSI C 已允许使用缓冲文件系统处理二进制文件，而读取某字节的二进制数有可能是-1，这又恰好是 EOF。这就出现了需要读取有用数据却被处理为文件结束的情况。为了解决这个问题，ANSI C 提供了 feof 函数来判断文件是否真正结束。feof(fp)用来测试指针变量 fp 指向文件的当前状态是否为文件结束。如果是文件结束，那么 feof(fp)的值为真，否则为假。

4．文件字符写入函数 fputc

fputc 函数用于把一个字符写入磁盘文件。调用 fputc 函数的一般形式如下：

```
fputc(char ch,FILE *stream);
```

例如：

```
fputc(ch,fp);
```

其中，ch 是要输出的字符，可以是一个字符常量，也可以是一个字符变量。fp 是指针变量。fputc(ch,fp)的功能是将字符 ch 输出到指针变量 fp 指向的文件中。执行 fputc 函数会返回一个值。如果输出成功，那么返回输出的字符；如果输出失败，那么返回 EOF。

【例 10.2】通过键盘输入一些字符，逐个把它们送入磁盘，直到用户输入"#"为止。

程序代码如下：

```
#include <stdio.h>
#include <stdlib.h>
int main()
{
    FILE *fp;                              //定义指针变量 fp
    char ch,filename[10];
    printf("请输入所用的文件名: ");
    scanf("%s",filename);                  //输入文件名
```

```
    getchar();                            //用来消化最后输入的回车换行符
    if((fp=fopen(filename,"w"))==NULL)    //打开输出的文件并使指针变量 fp 指向此文件
    {
        printf("cannot open file\n");     //如果打开出错，那么输出提示信息"打不开"
        exit(0);                          //终止程序
    }
    printf("请输入一个准备存储到磁盘的字符串(以#结束)：");
    ch=getchar();                         //接收通过键盘输入的第一个字符
    while(ch!='#')                        //当输入"#"时结束循环
    {
        fputc(ch,fp);                     //向磁盘文件中输出一个字符
        putchar(ch);                      //将输出的字符显示到屏幕上
        ch=getchar();                     //接收通过键盘输入的一个字符
    }
    fclose(fp);                           //关闭文件
    putchar(10);                          //向屏幕上输出一个回车换行符
    system("pause");
    return 0;
}
```

运行结果如图 10.3 所示。

图 10.3 【例 10.2】的运行结果

用来存储数据的文件名可以在 fopen 函数中被直接写成字符串常量的形式，也可以在程序运行时由用户临时指定。

使用 fopen 函数打开一个以写入方式打开的文件，若成功，则函数返回该文件建立的信息区的起始地址给指针变量 fp；若失败，则显示提示信息"无法打开此文件"。使用 exit 函数终止程序的运行，exit 函数在 stdlib.h 文件中。使用 getchar 函数接收用户通过键盘输入的字符。注意，每次只能接收一个字符。

【例 10.3】将【例 10.2】中建立的磁盘文件 file1.dat 的内容复制到另一个磁盘文件 file2.dat 中。

程序代码如下：

```
#include <stdio.h>
#include <stdlib.h>
int main()
{
    FILE *in,*out;                        //定义指向 FILE 类型文件的指针变量
    char ch,infile[10],outfile[10];       //定义两个字符数组，分别存放两个数据文件的名称
```

```
    printf("输入输入文件的名称:");
    scanf("%s",infile);               //输入一个输入文件的名称
    printf("输入输出文件的名称:");
    scanf("%s",outfile);              //输入一个输出文件的名称
    if((in=fopen(infile,"r"))==NULL)  //打开输入文件
    {
        printf("无法打开此文件\n");  exit(0);}
    if((out=fopen(outfile,"w"))==NULL)//打开输出文件
    {
        printf("无法打开此文件\n");  exit(0);}
    ch=fgetc(in);                     //向输入文件读入一个字符,并将其赋给变量 ch
    while(!feof(in))                  //未遇到输入文件结束标志
    {
        fputc(ch,out);                //将变量 ch 写入输出文件
        putchar(ch);                  //将变量 ch 显示到屏幕上
        ch=fgetc(in);                 //向输入文件读入一个字符,并将其赋给变量 ch
    }
    putchar(10);                      //显示完全部字符后换行
    fclose(in);                       //关闭输入文件
    fclose(out);                      //关闭输出文件
    system("pause");
    return 0;
}
```

运行结果如图 10.4 所示。

图 10.4　【例 10.3】的运行结果

在访问磁盘文件时,是逐个字符进行的,为了知道当前访问到第几字节,系统用文件读写位置标记来表示当前访问的位置。在开始时,文件读写位置标记指向第 1 字节,每访问完 1 字节后,当前读写位置就指向下 1 字节,即当前读写位置自动后移。

为了知道是否已完成文件的读写,需要观察文件的读写位置是否已移动到文件末尾。

5. 文件字符串读取函数 fgets

调用 fgets 函数的一般形式如下:

```
fgets(char *str,int n,FILE *stream);
```

fgets 函数的功能是从指针变量 stream 指向的文件中读取 $n-1$ 个字符,把它送到由指针变量 str 指向的字符数组中。fgets 函数读完 $n-1$ 个字符后返回。若在读取 $n-1$ 个字符完成之前就遇到'\n'或 EOF,则将停止读取。但将遇到的'\n'作为一个字符送入字符数组。由于 fgets

函数在读取字符串之后会自动添加一个'\0'，因此送入字符数组的字符串（包括'\0'在内）最多为 *n* 字节。

例如：

```
fgets(databuf,6,fp);
```

上述语句将指针变量 fp 指向的文件中的 5 个字符读入 databuf。databuf 可以是定义的字符数组，也可以是动态分配的存储单元。

fgets 函数执行完成后，返回一个指向该字符串的指针变量，即字符数组的首地址。若读到文件末尾或出错，则返回一个 NULL。

6. 文件字符串写入函数 fputs

调用 fputs 函数的一般形式如下：

```
fputs(char *str,FILE *stream);
```

fputs 函数的功能是把由指针变量 str 指向的字符数组中的字符串写入由指针变量 stream 指向的文件。该字符串以'\0'结束，但'\0'不被写入文件。指针变量 str 指向的字符串也可以使用数组名代替，或使用字符串常量代替。fputs 函数正确执行后，将返回写入的字符数，若出错则将返回-1。

例如：

```
c=fputs("computer",fp2);
```

上述语句将把字符串 computer 写入由指针变量 fp2 指向的文件。

【例 10.4】通过键盘输入若干个字符串，将它们按字母表升序，把排序好的字符串送入磁盘文件保存。

程序代码如下：

```
#include <stdio.h>
#include <stdlib.h>
#include <string.h>
int main()
{
    FILE*fp;
    //str 是用来存放字符串的二维数组，temp 是临时数组
    char str[3][10],temp[10];
    int i,j,k,n=3;
    printf("Enter strings:\n");                     //提示输入字符串
    for(i=0;i<n;i++)
        gets(str[i]);                               //输入字符串
    for(i=0;i<n-1;i++)                              //使用选择法对字符串排序
    {
        k=i;
        for(j=i+1;j<n;j++)
            if(strcmp(str[k],str[j])>0) k=j;
        if(k!=i)
```

```
        {
            strcpy(temp,str[i]);
            strcpy(str[i],str[k]);
            strcpy(str[k],temp);
        }
    }
    if((fp=fopen("D:\\CC\\string.dat","w"))==NULL) //打开磁盘文件
    {
        printf("can't open file!\n");
        exit(0);
    }
    printf("\nThe new sequence:\n");
    for(i=0;i<n;i++)
    {
        //向磁盘文件写入一个字符串，并输出一个回车换行符
        fputs(str[i],fp);fputs("\n",fp);
        printf("%s\n",str[i]);                    //显示在屏幕上
    }
    system("pause");
    return 0;
}
```

运行结果如图 10.5 所示。

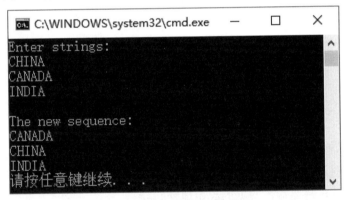

图 10.5　【例 10.4】的运行结果 1

可以编写以下程序，从 string.dat 文件中读取字符串，并将其显示在屏幕上。

```
#include <stdio.h>
#include <stdlib.h>
int main()
{   FILE*fp;
    char str[3][10];
    int i=0;
    if((fp=fopen("D:\\CC\\string.dat","r"))==NULL) //注意文件目录必须与前面相同
    {
        printf("can't open file!\n");
```

```
        exit(0);
    }
    while(fgets(str[i],10,fp)!=NULL)
    {
        printf("%s",str[i]);
        i++;
    }
    fclose(fp);
    system("pause");
    return 0;
}
```

运行结果如图 10.6 所示。

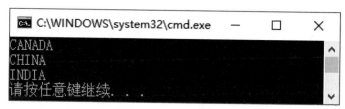

图 10.6 【例 10.4】的运行结果 2

7. 数据块读取函数 fread 和数据块写入函数 fwrite

使用 fgetc 函数和 fputc 函数可以读取与写入文件中的一个字符，使用 fgets 函数和 fputs 函数可以读取与写入文件中的一个字符串。在实际应用时，常常要求一次读入一组数据，如一个数组、一个结构体数据等，ANSI C 提供了 fread 函数和 fwrite 函数，用来读取与写入一个数据块。

fread 函数的一般形式如下：

```
fread(void *ptr,int size,int count,FILE *stream);
```

fwrite 函数的一般形式如下：

```
fwrite(void *ptr,int size,int count,FILE *stream);
```

ptr 为指针变量，指向缓冲区。对 fread 函数来说，ptr 是要读入数据的起始地址；对 fwrite 函数来说，ptr 是要输出数据的起始地址。

count：数据项的个数。

size：每个数据项的长度。

stream：指针变量，读入或写入的文件名。

fread 函数从指针变量 stream 指向的文件中读取长度为 size 的 count 个数据项，并将其存储到由指针变量 stream 指向的缓冲区中。函数依据文件指针变量指向的位置读取，该指针变量随着读取的字节数向后移动。函数执行结束后，将返回实际读取的数据项的个数，这个个数可能少于 count。这是因为文件中没有足够的数据项或在读取过程中出错。当返回的数据项的个数少于设定的个数时，可以使用 feof 函数或 ferror 函数进行检查。

fwrite 函数用于从指针变量 ptr 指向的缓冲区中读取 count 个数据项，写入指针变量指向的文件。执行该操作后，指针变量将向后移动，移动的字节数等于写入文件的字节数。函数执行结束后，将返回实际写入的数据项的个数，这个数可能少于设定的数据项的个数。这是因为缓冲区中没有足够的数据项或在写入过程中出错。

注意，在使用 fread 函数和 fwrite 函数进行读写时，必须采用二进制形式。

【例 10.5】通过键盘输入 10 个学生的数据，并把它们转存到磁盘文件中。

程序代码如下：

```
#include <stdio.h>
#include <stdlib.h>
#define SIZE 10
struct Student_type
{
    char name[10];
    int num;
    int age;
    char addr[15];
}stud[SIZE];    //定义全局结构体数组 stud，包含 10 个学生的数据
void save()     //定义 save 函数，输出 SIZE 个学生的数据
{
    FILE *fp;
    int i;
    if((fp=fopen("stu.dat","wb"))==NULL)   //打开 stu.dat 文件
    {
        printf("cannot open file\n");
        return;
    }
    for(i=0;i<SIZE;i++)
    if(fwrite(&stud[i],sizeof(struct Student_type),1,fp)!=1)
            printf("file write error\n");
    fclose(fp);
}
int main()
{
    int i;
    printf("Please enter data of students:\n");
    for(i=0;i<SIZE;i++)
    //输入 SIZE 个学生的数据，并将其存放到全局结构体数组 stud 中
    scanf("%s%d%d%s",stud[i].name,&stud[i].num,&stud[i].age,stud[i].addr);
    save();
    system("pause");
    return 0;
}
```

运行结果如图 10.7 所示。

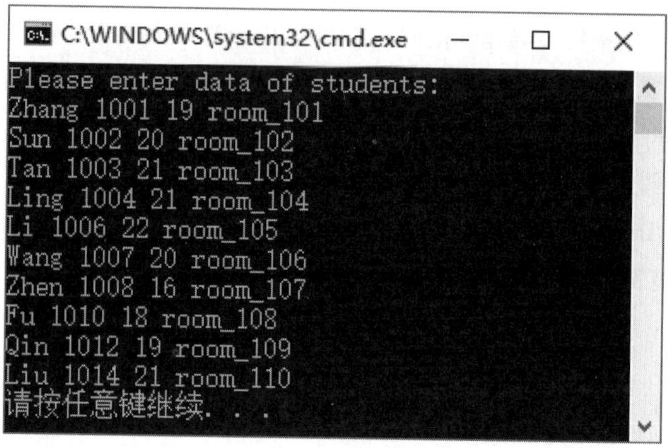

图 10.7 【例 10.5】的运行结果 1

在 main 函数中，通过键盘输入 10 个学生的数据，并调用函数，将这些数据输出到以 stu.dat 命名的磁盘文件中。

为了验证在 stu.dat 文件中是否已存在此数据，可以使用以下程序向 stu.dat 文件读入数据，并将其输出在屏幕上。

```c
#include <stdio.h>
#include <stdlib.h>
#define SIZE 10
struct Student_type
{
    char name[10];
    int num;
    int age;
    char addr[15];
}stud[SIZE];
int main()
{   int i;
    FILE *fp;
    if((fp=fopen("stu.dat","rb"))==NULL)   //打开 stu.dat 文件
    {
        printf("cannot open file\n");
        exit(0);
    }
    for(i=0;i<SIZE;i++)
        //向指针变量 fp 指向的文件中读入一组数据
    {
        fread(&stud[i],sizeof(struct Student_type),1,fp);
        printf("%-10s %4d %4d %-15s\n",stud[i].name,stud[i].num,stud[i].age,
stud[i].addr);
        //在屏幕上输出这组数据
    }
    fclose(fp);
```

```
    system("pause");
    return 0;
}
```

运行结果如图 10.8 所示。

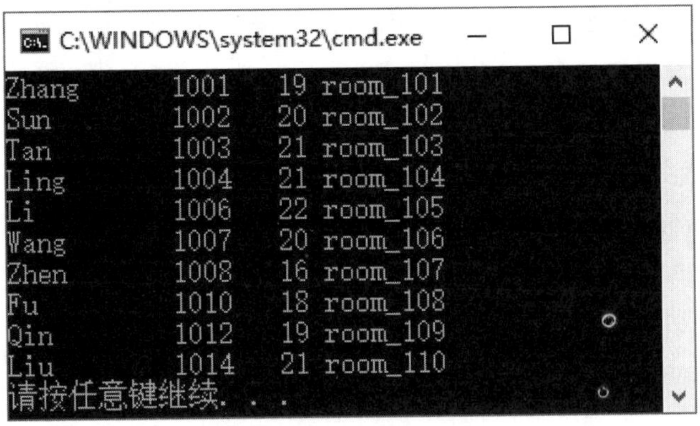

图 10.8　【例 10.5】的运行结果 2

在运行程序时，不需要通过键盘输入任何数据，屏幕上会显示输入的信息。

上面的两个程序分别以写入方式和只读方式打开二进制文件。如果企图以写入方式和只读方式读写数据，那么会出错，这是因为 fread 函数和 fwrite 函数是按数据块的长度来处理输入/输出的，在字符发生转换的情况下很可能会出现与原设想不同的情况。

8. 格式化读取函数 fscanf 和格式化写入函数 fprintf

在实际应用中，应用程序有时需要按规定的格式进行文件的读写，这时可以使用 fscanf 函数和 fprintf 函数来完成。fscanf 函数和 fprintf 函数与 scanf 函数、printf 函数的功能类似，都用于格式化读写。不同的是，fscanf 函数和 fprintf 函数的读写对象不是终端而是磁盘文件，当将文件指针变量被定义为 stdin 和 stdout 时，这两个函数的功能就和 scanf 函数、printf 函数相同了。

调用 fscanf 函数的一般形式如下：

```
fscanf(FILE *stream,char *format,<variable-list>);
```

调用 fprintf 函数的一般形式如下：

```
fprintf(FILE *stream,char *format,<variable-list>);
```

其中，char *format 表示输入/输出格式控制字符串，格式控制字符串的格式说明与 scanf 函数和 printf 函数中的格式控制字符串的格式说明完全相同；<variable-list>表示输入/输出参数列表。

例如：

```
fprintf(fp,"%d,%6.2f",i,t);
```

上述语句将整型变量 i 和实型变量 t 的值按%d 与%6.2f 的格式输出到指针变量 fp 指向的文件中。使用 fprintf 函数和 fscanf 函数对磁盘文件进行读写，方便且容易理解，但由于在输入时要将 ASCII 码值转换为二进制形式，因此在输出时应将二进制形式转换成字符，

这样花费时间比较多。在内存与磁盘频繁交换数据的情况下,最好不要使用 fprintf 函数和 fscanf 函数,建议使用 fread 函数和 fwrite 函数。

9. 文件定位函数

要实现文件的随机读写,必须解决文件定位问题。如果能让文件指针变量指向文件的任意位置,并使用前面所述的文件操作函数,那么可以实现文件的随机读写。C 语言提供的文件定位函数有以下 3 个。

1)rewind 函数

调用 rewind 函数的一般形式如下:

```
rewind (FILE *stream);
```

rewind 函数的功能是把指针变量重新移动到文件开头。若移动成功,则返回 0;否则返回一个非 0 值。

2)fseek 函数

调用 fseek 函数的一般形式如下:

```
fseek (FILE *stream,long offset,int origin);
```

fseek 函数的功能是使指针变量移动到所需的位置。stream 用于指向需要操作的文件,origin 用于指明以什么地方为基准进行移动,用 0、1 或 2 代替,其中 0 表示文件开头,1 表示当前位置,2 表示文件末尾。offset 是位移量,是以 origin 为基准指针变量向前或向后移动的字节数。向前是指从文件开头向文件末尾移动;向后则相反。位移量如果为正,那么表示向前移动;如果为负,那么表示向后移动。位移量应为长整数,这样当文件很长时,位移量仍在长整数可以表示的范围之内。

例如:

```
fseek (fp,100L,0);        //将文件位置标记向前移动到距文件开头 100 字节处
fseek (fp,50L,1);         //将文件位置标记向前移动到距当前位置 50 字节处
fseek (fp,-10L,2);        //将文件位置标记从文件末尾向后退 10 字节
```

使用 fseek 函数控制文件位置后,就可以使用前面所述的函数进行顺序读写,但此时顺序读写的起始位置不一定是从文件开头开始或从当前位置开始的,这样也就实现了文件的随机读写。

函数一般用于二进制文件,这是因为文本文件要发生字符转换,在计算位置时往往容易发生混乱。

3)ftell 函数

调用 ftell 函数的一般形式如下:

```
ftell (FILE *stream);
```

ftell 函数的功能是得到流式文件中的当前位置,使用相对于文件开头的位移量来表示。文件中的位置指针经常移动,不容易知道其当前位置,使用 ftell 函数可以得到当前位置。ftell 函数的返回值为一个长整数。如果该函数的返回值为-1L,那么表示出错。

【例 10.6】已知在磁盘文件上存有 10 个学生的数据，请将第 1、3、5、7、9 个学生的数据输入计算机，并在屏幕上显示出来。

程序代码如下：

```c
#include<stdio.h>
#include<stdlib.h>
struct Student_type
{
    char name[10];
    int num;
    int age;
    char addr[15];
}stud[10];
int main()
{
    int i;
    FILE *fp;
    if((fp=fopen("stu.dat","rb"))==NULL)
    {
        printf("can not open file\n");          //打开 stu.dat 文件
        exit(0);
    }
    for(i=0;i<10;i+=2)
    {
        fseek(fp,i*sizeof(struct Student_type),0); //移动文件位置标记
        fread(&stud[i],sizeof(struct Student_type),1,fp);  //向指针变量 fp 指向的
//文件读入一组数据
        printf("%-10s %4d %4d %-15s\n", stud[i].name,stud[i].num,stud[i].age,
stud[i].addr);
        //在屏幕上输出这组数据
    }
    fclose(fp);
    system("pause");
    return 0;
}
```

运行结果如图 10.9 所示。

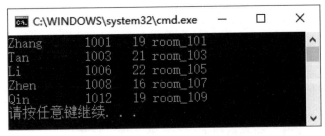

图 10.9　【例 10.6】的运行结果

10.文件读写出错检测函数

C 语言提供了 ferror 函数和 clearerr 函数,用来检测调用输入/输出函数时可能出现的错误。

1)ferror 函数

在调用各种输入/输出函数(putc 函数、getc 函数、fread 函数、fwrite 函数等)时,如果出现错误,除了函数返回值有所反映,还可以使用 ferror 函数检查。

如果 ferror 函数的返回值为 0,那么表示未出错;如果 ferror 函数的返回值非 0,那么表示出错。

2)clearerr 函数

clearerr 函数的功能是使文件读写出错标志和文件结束标志为 0。

如果在调用一个输入/输出函数时出现错误,ferror 函数的返回值非 0,那么应该立即调用 clearerr(fp),使 ferror(fp)的返回值为 0,以便进行下一次检测。

文件读写出错标志只要出现,就会一直保留,直到对同一个文件调用 clearerr 函数或 rewind 函数,或者任何其他一个输入/输出函数。

注意,在每次对同一个文件调用输入/输出函数时都会产生一个新的 ferror 函数的值。因此,应当在调用一个输入/输出函数后立即检查 ferror 函数的值,否则会丢失数据。

在执行 fopen 函数时,ferror 函数的初值会被自动置为 0。

本章小结

本章的内容是很重要的,这是因为许多可供实际使用的 C 语言程序都包含文件的处理部分。本章介绍了一些基本的文件的概念,由于篇幅所限,没有列举太复杂的示例。希望通过学习本章,读者能够掌握文件的处理方法。

课后习题

一、选择题

1.若指针变量 fp 已被正确定义并已指向某个文件,则当未遇到该文件结束标志时,feof(fp)的返回值为( )。

    A.0   B.1   C.-1   D.非 0 值

2.以下叙述错误的是( )。

    A.打开二进制文件后可以先读取文件末尾,而打开顺序文件后不可以这样操作

    B.在程序结束时,应当使用 fclose 函数关闭已打开的文件

C．在使用 fread 函数从二进制文件中读取数据时，可以通过数组名向数组中的所有元素读入数据

D．不可以使用 FILE 定义指向二进制文件的文件指针变量

3．若要打开 A 盘的 user 目录中的 abc.txt 文件进行读写操作，则以下符合要求的语句是（　　）。

　　A．fopen("A:\user\abc.txt","r")

　　B．fopen("A:\\user\\abc.txt","r+")

　　C．fopen("A:\user\abc.txt","rb")

　　D．fopen("A:\\user\\abc.txt","w")

4．在 C 语言程序中，可以把整数以二进制形式存放到文件中的是（　　）函数。

　　A．fprintf　　　　　B．fread　　　　　C．fwrite　　　　D．fputc

5．fgets(s,n,f)的功能是（　　）。

　　A．从文件 f 中读取长度为 n 的字符串，将其存入指针变量 s 指向的内存

　　B．从文件 f 中读取长度不超过 n-1 的字符串，将其存入指针变量 s 指向的内存

　　C．从文件 f 中读取 n 个字符串，将其存入指针变量 s 指向的内存

　　D．从文件 f 中读取长度为 n-1 的字符串，将其存入指针变量 s 指向的内存

6．以下叙述不正确的是（　　）。

　　A．C 语言中的文本文件以 ASCII 码形式存储数据

　　B．C 语言中对二进制文件的访问速度比对文本文件的访问速度快

　　C．C 语言中的随机读写方式不适用于文本文件

　　D．C 语言中的顺序读写方式不适用于二进制文件

7．有以下程序：

```
#include<stdio.h>
main()
{
    FILE*fp1;
    fp1=fopen("f1.txt","w");
    fprintf(fp1,"abc");
    fclose(fp1);
}
```

若 f1.txt 文件中的原有内容为 good，则运行以上程序后，f1.txt 文件中的内容为（　　）。

　　A．goodabc　　　　B．abcd　　　　　C．abc　　　　D．abcgood

8．以下程序的运行结果是（　　）。

```
#include <stdio.h>
main()
{
    FILE *fp;
    int i=20,j=30,k,n;
```

```
    fp=fopen("d1.dat","w");
    fprintf(fp,"%d\n",i);
    fprintf(fp,"%d\n",j);
    fclose(fp);
    fp=fopen("d1.dat","r");
    fp=fscanf(fp,"%d%d",&k,&n);
    printf("%d%d\n",k,n);
    fclose(fp);
}
```

  A. 20 30   B. 20 50   C. 30 50   D. 30 20

二、程序填空题

1. 以下程序的功能是统计文件中的字符个数。请在_____内填入正确的内容。

```
#include<stdio.h>
main()
{
    FILE *fp; long
    num=0L;
    if((fp=fopen("fname.dat","r"))==NULL)
    {
        pirntf("Open error\n");
        exit(0);
    }
    while(_____)
    {
        fgetc(fp);
        num++;
    }
    printf("num=%1d\n",num-1);
    fclose(fp);
}
```

2. 以下程序的功能是把从终端读取的文本（用"@"作为文本结束标志）输出到 bi.dat 文件中。请在_____内填入正确的内容。

```
#include<stdio.h>
FILE *fp;
{
    char ch;
    if((fp=fopen(_____))==NULL
        exit(0);
    while((ch=getchar())!='@')
    fputc(ch,fp);
    fclose(fp);
}
```

3．以下程序的功能是把从终端读取的 10 个整数以二进制形式写入 bi.dat 文件。请在______内填入正确的内容。

```
#include <stdio.h>
FILE *fp;
main()
{
    int i,j;
    if((fp=fopen(________,"wb"))==NULL)
    exit(0);
    for(i=0; i<10; i++)
    {
        scanf("%d",&j);
        fwrite(&j,sizeof(int),1,________);

    }
    fclose(fp);
    }
```

4．以下程序的功能是将磁盘中的一个文件复制到另一个文件中，在命令行中给出两个文件的文件名。请在______内填入正确的内容。

```
#include<stdio.h>
main(int argc,char *argv)
{
    FILE *f1,*f2; char
    ch;
    if(argc<________)
    {
        printf("Parameters missing!\n");
        exit(0);
    }
    if(((f1=fopen(argv[1],"r"))==NULL)||((f2=fopen(argv[2],"w"))==NULL))
    {
        printf("Can not open file!\n");
        exit(0);
    }
    while(________)
        fputc(fgetc(f1),f2);
    fclose(f1);
    fclose(f2);
}
```

5. 以下程序的功能是从 filea.dat 文件中逐个读取字符并将其显示在屏幕上。请在______内填入正确的内容。

```
#include <stdio.h>
main()
{
```

```
    FILE *fp;
    char ch;
    fp=fopen(_____);
    ch=fgetc(fp);
    whlie(!feof(fp))
    {
        putchar(ch);
        ch=fgetc(fp);
    }
    putchar('\n');
    fclose(fp);
}
```

6. 将以下程序补充完整。请在_____内填入正确的内容。

```
#include <stdio.h>
main()
{
    FILE *fp;
    int x[6]={1,2,3,4,5,6},i;
    fp=fopen("test.dat","wb");
    fwrite(x,sizeof(int),3,fp);
    _____;
    fread(x,sizeof(int),3,fp);
    for(i=0;i<6;i++)
        printf("%d",x[i]);
    printf("\n");
    fclose(fp);
}
```

7. 以下程序的功能是打开 f.txt 文件,并调用字符型数据输出函数将数组 a 中的字符写入。请在_____内填入正确的内容。

```
#include <stdio.h>
main()
{
    _____ *fp;
    char a[5]={'1','2','3','4','5'},i;
    fp=fopen("f.txt","w");
    for(i=0;i<5;i++)
        fputc(a[i],fp); fclose(fp);
}
```

三、程序阅读题

1. 假设已有 test.txt 件,该文件中的内容为 Hello,everyone!,以下程序的功能是 test.txt 文件已正确地为读取而打开,由指针变量 fr 指向该文件。以下程序的运行结果是(   )。

```
#include<stdio.h>
main()
{
    FILE *fr; char
    str[40];
    …
    fgets(str,5,fr);
    printf("%s\n",str);
    fclose(fr);
}
```

2. 以下程序的运行结果是（　　　）。

```
#include <stdio.h>
    main()
    {
        FILE*fp;int i,k,n;
        fp=fopen("data.dat","w+");
        for(i=1;i<6;i++)
        {
            fprintf(fp,"%d",i);
            if(i%3==0)
            fprintf(fp,"\n");
        }
        rewind(fp);
        fscanf(fp,"%d%d",&k,&n);
        printf("%d %d\n",k,n);
        fclose(fp);
    }
```

3. 以下程序的运行结果是（　　　）。

```
#include <stdio.h>
    main()
    {
        FILE *fp;
        int i,k=0,n=0;
        fp=fopen("d1.dat","w");
        for(i=1;i<4;i++)
            fprintf(fp,"%d",i);
        fclose(fp);
        fp=fopen("d1.dat","r");
        fscanf(fp,"%d%d",&k,&n);
        printf("%d %d\n",k,n);
        fclose(fp);
    }
```

4. 以下程序运行后，t1.dat 文件中的内容是（   ）。

```c
#include <stdio.h>
    void WriteStr(char *fn,char *str)
    {
        FILE *fp;
        fp=fopen(fn,"w");
        fputs(str,fp);
        fclose(fp);
    }
    main()
    {
        writestr("t1.dat","start");
        writestr("t1.dat","end");
    }
```

5. 以下程序的运行结果是（   ）。

```c
#include<stdio.h>
main()
{

    FILE *fp;
    int i,a[4]={1,2,3,4},b;
    fp=fopen("data.dat","wb");
    for(i=0;i<4;i++)
        fwrite(&a[i],sizeof(int),1,fp);
    fclose(fp);
    fp=fopen("data.dat","rb");
    fseek(fp,-2L*sizeof(int),SEEK_END);/*位置指针从文件末尾向前移动 2*sizeof(int)
字节*/
    fread(&b,sizeof(int),1,fp);/*从文件中读取 sizeof(int)字节的数据到变量 b 中*/
    fclose(fp);
    printf("%d\n",b);
}
```

6. 以下程序运行后，abc.dat 文件中的内容是（   ）。

```c
#include <stdio.h>
main()
{
    FILE *pf;
    char *s1="China",*s2="Beijing";
    pf=fopen("abc.dat","wb+");
    fwrite(s2,7,1,pf);
    rewind(pf);
    fwrite(s1,5,1,pf);
    fclose(pf);
}
```

7. 以下程序的运行结果是（　　　）。

```c
#include <stdio.h>
    main()
    {
        FILE *fp;
        int a[10]={1,2,3},i,n;
        fp=fopen("dl.dat","w");
        for(i=0;i<3;i++)
        fprintf(fp,"%d",a[i]);
        fprintf(fp,"\n");
        fclose(fp);
        fp=fopen("dl.dat","r");
        fscanf(fp,"%d",&n);
        fclose(fp);
        printf("%d\n",n);
    }
```

8. 以下程序的运行结果是（　　　）。

```c
#include <stdio.h>
    main()
    {
        FILE *fp;
        int i,a[6]={1,2,3,4,5,6},k,n;
        fp=fopen("d2.dat","w");
        fprintf(fp,"%d%d\n",a[0],a[1],a[2]);
        fprintf(fp,"%d%d\n",a[3],a[4],a[5]);
        fclose(fp);
        fp=fopen("d2.dat","r");
        fscanf(fp,"%d%d\n",&k,&n);
        printf("%d%d\n",k,n);
        fclose(fp);
    }
```

四、编程题

1. 向 e13_1.c 文件读入一个包含 10 个字符的字符串。

2. 通过键盘输入一个字符串，将该字符串写入一个文件，并把该文件中的内容读出，显示在屏幕上。

3. 从 tu_list 文件中读取第二个学生的数据。

4. 把命令行参数中的前一个文件名标识的文件复制到后一个文件名标识的文件中，若命令行中只有一个文件名则把该文件名标识的文件写入标准输出文件。

5. 创建一个文本文件，目录为 C:\cfiles\，文件名和文件中的内容通过键盘输入。

常用字符与 ASCII 码值对照表

ASCII 码值	字符	ASCII 码值	字符	ASCII 码值	字符	ASCII 码值	字符
000	NUL	032		064	@	096	`
001	SOH	033	!	065	A	097	a
002	STX	034	"	066	B	098	b
003	ETX	035	#	067	C	099	c
004	EOT	036	$	068	D	100	d
005	ENQ	037	%	069	E	101	e
006	ACK	038	&	070	F	102	f
007	BEL	039	'	071	G	103	g
008	BS	040	(	072	H	104	h
009	HT	041	)	073	I	105	i
010	LF	042	*	074	J	106	j
011	VT	043	+	075	K	107	k
012	FF	044	,	076	L	108	l
013	CR	045	-	077	M	109	m
014	SO	046	.	078	N	110	n
015	SI	047	/	079	O	111	o
016	DLE	048	0	080	P	112	p
017	DC1	049	1	081	Q	113	q
018	DC2	050	2	082	R	114	r
019	DC3	051	3	083	S	115	s
020	DC4	052	4	084	T	116	t
021	NAK	053	5	085	U	117	u
022	SYN	054	6	086	V	118	v
023	ETB	055	7	087	W	119	w
024	CAN	056	8	088	X	120	x
025	EM	057	9	089	Y	121	y
026	SUB	058	:	090	Z	122	z
027	ESC	059	;	091	[	123	{
028	FS	060	<	092	\	124	|
029	GS	061	=	093	]	125	}
030	RS	062	>	094	^	126	~
031	US	063	?	095	_		

运算符的优先级和结合性

优先级	运算符	含义	要求运算对象的个数	结合方向
1	()	括号运算符		自左至右
	[]	下标运算符		
	->	指向结构体的成员运算符		
	.	结构体成员运算符		
2	!	逻辑非运算符	1 （单目运算符）	自右至左
	~	按位取反运算符		
	++	自增运算符		
	--	自减运算符		
	-	负号运算符		
	(类型)	类型转换运算符		
	*	取内容运算符		
	&	取地址运算符		
	sizeof	长度运算符		
3	*	乘法运算符	2 （双目运算符）	自左至右
	/	除法运算符		
	%	求余运算符		
4	+	加法运算符		
	-	减法运算符		
5	<<	按位左移运算符		
	>>	按位右移运算符		
6	<、<=、>、>=	关系运算符		
7	==	等于运算符		
	!=	不等于运算符		
8	&	按位与运算符		
9	^	按位异或运算符		
10	|	按位或运算符		
11	&&	逻辑与运算符		
12	||	逻辑或运算符		
13	?:	条件运算符	3 （三目运算符）	自右至左

续表

优先级	运算符	含义	要求运算对象的个数	结合方向
14	=、+=、-=、 *=、/=、%=、 >>=、<<=、&=、 ^=、|=	赋值运算符	2 （双目运算符）	自右至左
15	,	逗号运算符		自左至右

说明：

（1）相同优先级的运算符的运算顺序由结合方向决定。例如，由于"*"与"/"具有相同的优先级，结合方向为自左至右，因此3*5/4的运算顺序是先乘后除。由于"-"（负号运算符）与"++"具有相同的优先级，结合方向为自右至左，因此-i++相当于-(i++)。

（2）不同的运算符要求运算对象的个数不同，如"+"与"-"（减法运算符）均为双目运算符，要求在运算符两侧各有一个运算对象，如3+5、8-3等。而"++"与"-"（负号运算符）均为单目运算符，要求只在运算符的一侧出现一个运算对象，如-a、i++等。条件运算符是C语言中唯一的一个三目运算符，如 x?a:b。

（3）可以大致归纳出各类运算符的优先级如下：

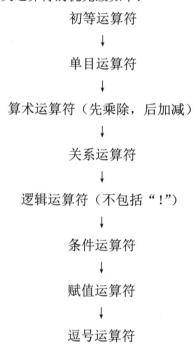

初等运算符
↓
单目运算符
↓
算术运算符（先乘除，后加减）
↓
关系运算符
↓
逻辑运算符（不包括"!"）
↓
条件运算符
↓
赋值运算符
↓
逗号运算符

以上运算符的优先级由上到下递减。其中，初等运算符的优先级最高，逗号运算符的优先级最低。位运算符的优先级比较分散（有些在算术运算符之前，如"~"；有些在关系运算符之前，如"<<"和">>"；有些在关系运算符之后，如"&""^""\|"。

C 语言的常用语法提要

1. 标识符

标识符只能由字母、数字和下画线组成。标识符必须以字母或下画线开头，大写字母与小写字母分别被认作两个不同的字符。不同的系统对标识符的字符数有不同的规定，一般允许有 7 个字符。

2. 常量

（1）整型常量：十进制形式、八进制形式、十六进制形式。

（2）字符常量：用单引号引起来的一个字符，可以使用转义字符。

（3）实型常量：十进制小数形式、十进制指数形式。

（4）字符串常量：用双引号引起来的字符序列。

3. 表达式

（1）算术表达式：整型表达式、实型表达式。

（2）逻辑表达式：使用逻辑运算符连接的整型表达式，结果为整数（0 或 1）。逻辑表达式可以被认作整型表达式的一种特殊形式。

（3）字位表达式：使用位运算符连接的整型表达式，结果为整数。字位表达式也可以被认作整形表达式的一种特殊形式。

（4）强制类型转化表达式：使用类型转换运算符使表达式的类型进行强制转换，如 (float)a。

（5）逗号表达式：一般形式如下：

```
表达式 1,表达式 2,…,表达式 n
```

（6）赋值表达式：将"="右侧的值赋给"="左侧的变量。赋值表达式的值为赋值后被赋值的变量的值。

（7）条件表达式：一般形式如下：

```
表达式 1? 表达式 2:表达式 3
```

如果"表达式 1"的值非 0，那么运算结果等于"表达式 2"的值；否则，运算结果等于"表达式 3"的值。

（8）指针表达式：对指针类型的数据进行运算，如 p-2、p1-p2 等（其中，p、p1、p2 均已被定义为指向数组的指针变量，p1 与 p2 是指向同一个数组中的元素），结果为指针类型。

4．数据的定义

程序中需要用到的所有变量都需要被定义。对于数据，一般要定义数据类型，有时还需要定义存储类别。

（1）数据类型有 int、short、long、unsigned、char、float、double、struct、union、enum、typedef 等。

结构体的定义的一般形式如下：

```
struct 结构体名
{ 成员列表 };
```

共用体的定义的一般形式如下：

```
union 共用体名
{ 成员列表 };
```

使用 typedef 定义新类型名的一般形式如下：

```
typedef 原数据类型名 新数据类型名；
```

（2）存储类别有 auto、static、register、extern（若不指定存储类别，则作为 auto 处理）。

变量的定义的一般形式如下：

```
存储类别 数据类型 变量列表；
```

注意，在定义外部数据时，只能使用 extern 或 static，而不能使用 auto 或 register。

5．函数的定义

函数的定义的一般形式如下：

```
存储类别 数据类型 函数名(形参列表)
函数体
```

函数的存储类别只能使用 extern 或 static。函数体是用大括号括起来的，包括数据的定义和语句。

函数的定义的示例如下：

```
static int max(int x,int y)
{
    int z;
    z=x>y?x:y;
    return 0;
}
```

6. 变量的初始化

在定义时可以对变量和数组进行初始化。

若未初始化静态变量或全局变量，则系统会自动指定其初值为 0（对数值型变量）或'\0'（对字符变量）。若未初始化自动变量或寄存器变量，则其初值为一个不可预测的数据。

7. 语句

（1）表达式语句。

（2）函数调用语句。

（3）控制语句。

其中，控制语句包括以下几种。

①
```
if(表达式) 语句
```
或
```
if(表达式)
语句 1
else
语句 2
```

②
```
while(循环条件表达式)
循环体
```

③
```
do 循环体
while(循环条件表达式);
```

④
```
for(表达式 1;表达式 2;表达式 3)
循环体
```

⑤
```
switch(表达式)
{
    case 常量表达式 1:语句组;[break;]
    case 常量表达式 2:语句组;[break;]
    …
    case 常量表达式 n:语句组;[break;]
    [default:语句组;[break;]]
}
```

⑥ break 语句。

⑦ continue 语句。

⑧ return 语句。

⑨ goto 语句。

（4）复合语句。

（5）空语句。

8．预处理命令

```
#define 宏名 字符串
#define 宏名(参数列表) 字符串
#undef 宏名
#include "文件名"（或<文件名>）
#if 常量表达式
#ifdef 宏名
#ifndef 宏名
#else
#endif
```

附录 D

库函数

库函数并不是 C 语言的一部分，而是由人们根据需要编制并提供给用户使用的一种函数。每种编译系统都提供了一批库函数，不同的编译系统提供的库函数的数量、函数名及功能都是不完全相同的。ANSI C 提出了一批建议提供的标准库函数，包括目前多数编译系统提供的库函数，但也有一些是某些编译系统未曾实现的。考虑到通用性，本书列出了 ANSI C 建议提供的、常用的部分库函数。多数编译系统都可以使用这些函数。

由于库函数的种类和数目很多（屏幕和图形函数、与系统相关的函数等，每种函数又包括各种功能的函数），限于篇幅，本附录并未全部介绍，只从教学需要的角度列出了一些基本的库函数。读者在编程时可能用到更多的函数，请自行查阅。

1. 数学函数

在使用数学函数时，应该在源文件中使用#include <math.h>或#include "math.h"。

函数名	函数原型	功能	返回值	说明
abs	int abs(int x);	计算整数 x 的绝对值	计算结果	
acos	double acos(double x);	计算 $\cos^{-1}(x)$ 的值	计算结果	x 应在-1～1 范围内
asin	double asin(double x);	计算 $\sin^{-1}(x)$ 的值	计算结果	x 应在-1～1 范围内
atan	double atan(double x);	计算 $\tan^{-1}(x)$ 的值	计算结果	
atan2	double atan2(double x,double y);	计算 $\tan^{-1}(x/y)$ 的值	计算结果	
cos	double cos(double x);	计算 $\cos(x)$ 的值	计算结果	x 的单位为弧度
cosh	double cosh(double x);	计算 $\cosh(x)$ 的值	计算结果	
exp	double exp(double x);	计算 e^x 的值	计算结果	
fabs	double fabs(double x);	计算 x 的绝对值	计算结果	
floor	double floor(double x);	计算不大于 x 的最大整数	双精度型数据	
fmod	double fmod(double x,double y);	计算整除 x/y 的余数	双精度型数据	

续表

函数名	函数原型	功能	返回值	说明
frexp	double frexp(double val,int * eptr);	把双精度型数据 val 分解为数字部分（尾数）x 和以 2 为底的指数部分 n，即 $val=x×2^n$，n 存放在 eptr 指向的存储单元中	数字部分	x 应在 $0.5\sim1$ 范围内
log	double log(double x);	计算 $\log_e x$ 的值，即 $\ln x$ 的值	计算结果	
log10	double log10(double x);	计算 $\log_{10} x$ 的值	计算结果	
modf	double modf(double val,int * iptr);	把双精度型数据 val 分解为整数部分和小数部分，把整数部分存储到 iptr 指向的存储单元中	双精度型数据 val 的小数部分	
pow	double pow(double x,double y);	计算 x^y 的值	计算结果	
rand	int rand(void);	产生 $-90\sim32\,767$ 范围内的随机整数	随机整数	
sin	double sin(double x);	计算 $\sin(x)$ 的值	计算结果	x 的单位为弧度
sinh	double sinh(double x);	计算 $\sinh(x)$ 的值	计算结果	
sqrt	double sqrt(double x);	计算 $\sqrt{x}$ 的值	计算结果	$x\geqslant0$
tan	double tan(double x);	计算 $\tan(x)$ 的值	计算结果	x 的单位为弧度
tanh	double tanh(double x);	计算 $\tanh(x)$ 的值	计算结果	

2. 字符函数和字符串函数

ANSI C 要求在使用字符串函数时包含 string.h 文件，在使用字符函数时包含 ctype.h 文件。有些 C 语言在编译时不遵循 ANSI C 的规定，而使用其他名称的头文件。

函数名	函数原型	功能	返回值	包含文件
isalnum	int isalnum(int ch);	检查 ch 是否为字母或数字	若为字母或数字，则返回 1；否则返回 0	ctype.h
isalpha	int isalpha(int ch);	检查 ch 是否为字母	若为字母，则返回 1；否则返回 0	ctype.h
iscntrl	int iscntrl(int ch);	检查 ch 是否为控制字符（其 ASCII 码值在 0～0x1F 范围内）	若为控制字符，则返回 1；否则返回 0	ctype.h
isdigit	int isdigit(int ch);	检查 ch 是否为数字（0～9）	若为数字，则返回 1；否则返回 0	ctype.h
isgraph	int isgraph(int ch);	检查 ch 是否为可打印字符（其 ASCII 码值在 ox21～ox7E 范围内），不包括空格	若为可打印字符，则返回 1；否则返回 0	ctype.h

函数名	函数原型	功能	返回值	包含文件
islower	int islower(int ch);	检查 ch 是否为小写字母（a~z）	若为小写字母，则返回 1；否则返回 0	ctype.h
isprint	int isprint(int ch);	检查 ch 是否为可打印字符（其 ASCII 码值在 ox20~ox7E 范围内），包括空格	若为可打印字符，则返回 1；否则返回 0	ctype.h
ispunct	int ispunct(int ch);	检查 ch 是否为标点（除字母、数字和空格以外的所有可打印字符），不包括空格	若为标点，则返回 1；否则返回 0	ctype.h
isspace	int isspace(int ch);	检查 ch 是否为空格、制表符或换行符	若为空格、制表符或换行符，则返回 1；否则返回 0	ctype.h
isupper	int isupper(int ch);	检查 ch 是否为大写字母（A~Z）	若为大写字母，则返回 1；否则返回 0	ctype.h
isxdigit	int isxdigit(int ch);	检查 ch 是否为十六进制数	若为十六进制数，则返回 1；否则返回 0	ctype.h
strcat	char * strcat(char * str1,char * str2);	把 str2 接到 str1 后面，str1 最后面的'\0'被取消	str1	string.h
strchr	char * strchr(char * str,int ch);	找出 str 指向的字符串中第一次出现 ch 的位置	指向该位置的指针。若找不到，则返回空指针	string.h
strcmp	int strcmp(char * str1,char * str2);	比较 str1 和 str2 的大小	若 str1<str2，则返回负数；若 str1=str2，则返回 0；若 str1>str2，则返回正数	string.h
strcpy	int strcpy(char * str1,char * str2);	把 str2 指向的字符串复制到 str1 中	str1	string.h
strlen	unsigned int strlen(char * str);	统计 str 中字符（不包括'\0'）的个数	字符的个数	string.h
strstr	int strstr(char * str1,char * str2);	找出 str2 在 str1 中第一次出现的位置（不包括 str2 的结束符）	该位置的指针。若找不到，则返回空指针	string.h
tolower	int tolower(int ch);	将 ch 转换为小写字母	ch 代表的字符的小写字母	ctype.h
toupper	int toupper(int ch);	将 ch 转换为大写字母	与 ch 相对应的大写字母	ctype.h

3．输入/输出函数

在使用输入/输出函数时，应该在源文件中使用# include <stdio.h>，把 stdio.h 文件包含到源文件中。

函数名	函数原型	功能	返回值	说明
clearerr	void clearerr(FILE * fp);	使文件读写出错标志和文件结束标志为 0		
close	int close(int fp);	关闭文件	若关闭成功，则返回 0；否则返回-1	非 ANSI C
creat	int creat(char * filename,int mode);	以 mode 指定的格式建立文件	若建立成功，则返回正数；否则返回-1	非 ANSI C
eof	int eof(int fd);	检查文件是否结束	若文件结束，则返回 1；否则返回 0	非 ANSI C
fclose	int fclose(FILE * fp);	关闭 fp 指向的文件，释放缓冲区	若有错，则返回非 0 值；否则返回 0	
feof	int feof(FILE * fp);	检查文件是否结束	若文件结束，则返回非 0 值；否则返回 0	
fgetc	int fgetc(FILE * fp);	从 fp 指向的文件中读取下一个字符	得到的字符，若读入出错，则返回 EOF	
fgets	char * fgets(char * buf,int n,FILE * fp);	从 fp 指向的文件中读取一个长度为 n-1 的字符串，并将其存入起始地址为 buf 的空间	buf，若遇文件结束或出错，则返回 NULL	
fopen	FILE * fopen(char * format,args,…);	以 mode 指定的格式打开名为 filename 的文件	若文件打开成功，则返回一个文件指针；否则返回 0	
fprintf	int fprintf(FILE * fp,char * format,args,…);	把 args 的值以 format 指定的格式输出到 fp 指定的文件中	实际输出的字符数	
fputc	int fputc(char ch,FILE * fp);	将 ch 输出到 fp 指向的文件中	若输出成功，则返回该字符；否则返回非 0 值	
fputs	int fputs(char * str,FILE * fp);	将 str 指向的字符串输出到 fp 指向的文件中	若输出成功，则返回 0；否则返回非 0 值	
fread	int fread(char * pt,unsigned size,unsigned n,FILE * fp);	从 fp 指向的文件中读取长度为 size 的 n 个数据项，并将其存储到 pt 指向的存储单元中	读取的数据项的个数。若文件结束或出错，则返回 0	
fscanf	int fscanf(FILE * fp,char format, args,…);	从 fp 指向的文件中按 format 指定的格式将输入数据传入 args 指向的存储单元中	已输入的数据个数	
fseek	int fseek(FILE * fp, long offset,int base);	将 fp 指向的文件的位置指针移动到以 base 为基准、以 offset 为位移量的位置	当前位置	
ftell	long ftell(FILE * fp);	返回 fp 指向的文件中的读写位置	fp 指向的文件中的读写位置	

续表

函数名	函数原型	功能	返回值	说明
fwrite	int fwrite(char * ptr, unsigned size, unsigned n, FILE * fp);	把 ptr 指向的 n * size 字节输出到 fp 指向的文件中	写入 fp 指向的文件的数据项的个数	
getc	int getc(FILE * fp);	向 fp 指向的文件读入一个字符	读入的字符。若文件结束或出错，则返回 EOF	
getchar	int getchar(void);	从标准输入设备上读取下一个字符	读取的字符。若文件结束或出错，则返回-1	
getw	int getw(FILE * fp);	从 fp 指向的文件中读取下一个字符（整数）	读取的字符。若文件结束或出错，则返回-1	非 ANSI C 函数
open	int open(char * filename, int mode);	以 mode 指定的方式打开已存在的名为 filename 的文件	文件号（正数）。若打开失败，则返回-1	非 ANSI C 函数
printf	int printf(char * format,args,...);	按 format 指定的格式字符串规定的格式，将 args 的值输出到标准输出设备上	字符个数。若出错，则返回负数	format 可以是字符串，也可以是字符数组的地址
putc	int putc(int ch, FILE * fp);	把 ch 输出到 fp 指向的文件中	ch。若出错，则返回 EOF	
putchar	int putchar(char ch);	把 ch 输出到标准输出设备上	ch。若出错，则返回 EOF	
puts	int puts(char * str);	把 str 指向的字符串输出到标准输出设备上	回车换行符。若失败，则返回 EOF	
putw	int putw(int w,FILE * fp);	将 w 写入 fp 指向的文件中	整数。若出错，则返回 EOF	非 ANSI C 函数
read	int read(int fd,char * buf, unsigned count);	从 fd 指向的文件中读取 count 字节到 buf 指向的缓冲区中	真正读入的字节数。若文件结束，则返回 0；若出错，则返回-1	非 ANSI C 函数
rename	int rename(char * oldname, char * newname);	把由 oldname 指向的文件名改为由 newname 指向的文件名	若成功，则返回 0；否则返回-1	
rewind	void rewind(FILE * fp);	将 fp 指向的文件中的位置指针置于文件开头，并清除文件结束标志和文件读写出错标志		
scanf	int scanf(char * forma- t, args,...);	通过标准输入设备按 format 指定的格式字符串规定的格式，读入数据到 args 指向的存储单元中	读入并赋给 args 的数据个数。若文件结束，则返回 EOF；否则返回 0	
write	int write(int fd, char * buf, unsigned count);	从 buf 指向的缓冲区输出 count 字节到 fd 指向的文件中	实际输出的字节数。若出错，则返回-1	非 ANSI C 函数

4．动态存储分配函数

ANSI C 建议设 4 个相关的动态存储分配函数，即 calloc 函数、free 函数、malloc 函数、realloc 函数。实际上，许多编译系统在实现时，往往都增加了一些其他函数。ANSI C 建议在 stdlib.h 文件中包含相关信息，但许多编译系统要求使用 malloc.h 文件而非 stdlib.h 文件。

ANSI C 要求动态分配系统返回空指针。空指针具有一般性，可以指向任何类型的数据。但目前有些编译提供的这类函数返回字符串指针。无论以上两种情况的哪一种，都需要使用强制类型转换的方法把空指针或字符串指针转换成所需的类型。

函数名	函数原型	功能	返回值
calloc	void * calloc (unsigned　n,unsign size);	分配 n 个数据项的连续存储单元，每个数据项的大小均为 size	分配的存储单元的起始地址。若失败，则返回 0
free	void free(void * p);	释放 p 指向的存储单元	无
malloc	void * malloc (unsigned size);	分配 size 字节的存储单元	分配的存储单元的起始地址。若内存不足，则返回 0
realloc	void * realloc (void * p,unsigned size);	将 p 指向的已分配的存储单元的大小改为 size，size 可以比原来分配的存储单元大或小	指向该存储单元的指针

反侵权盗版声明

电子工业出版社依法对本作品享有专有出版权。任何未经权利人书面许可，复制、销售或通过信息网络传播本作品的行为；歪曲、篡改、剽窃本作品的行为，均违反《中华人民共和国著作权法》，其行为人应承担相应的民事责任和行政责任，构成犯罪的，将被依法追究刑事责任。

为了维护市场秩序，保护权利人的合法权益，我社将依法查处和打击侵权盗版的单位和个人。欢迎社会各界人士积极举报侵权盗版行为，本社将奖励举报有功人员，并保证举报人的信息不被泄露。

举报电话：（010）88254396；（010）88258888

传　　真：（010）88254397

E-mail：dbqq@phei.com.cn

通信地址：北京市万寿路 173 信箱
　　　　　电子工业出版社总编办公室

邮　　编：100036